電気・電子系 教科書シリーズ 11

電気・電子材料

工学博士 中澤 達夫
理学博士 藤原 勝幸
博士(工学) 押田 京一 共著
博士(工学) 服部 忍
博士(工学) 森山 実

コロナ社

電気・電子系 教科書シリーズ編集委員会

編集委員長	高橋　寛	（日本大学名誉教授・工学博士）
幹　　　事	湯田　幸八	（東京工業高等専門学校名誉教授）
編 集 委 員	江間　敏	（沼津工業高等専門学校）
（五十音順）	竹下　鉄夫	（豊田工業高等専門学校・工学博士）
	多田　泰芳	（群馬工業高等専門学校名誉教授・博士（工学））
	中澤　達夫	（長野工業高等専門学校・工学博士）
	西山　明彦	（東京都立工業高等専門学校名誉教授・工学博士）

(2006年11月現在)

刊行のことば

　電気・電子・情報などの分野における技術の進歩の速さは，ここで改めて取り上げるまでもありません．極端な言い方をすれば，昨日まで研究・開発の途上にあったものが，今日は製品として市場に登場して広く使われるようになり，明日はそれが陳腐なものとして忘れ去られるというような状態です．このように目まぐるしく変化している社会に対して，そこで十分に活躍できるような卒業生を送り出さなければならない私たち教員にとって，在学中にどのようなことをどの程度まで理解させ，身に付けさせておくかは重要な問題です．

　現在，各大学・高専・短大などでは，それぞれに工夫された独自のカリキュラムがあり，これに従って教育が行われています．このとき，一般には教科書が使われていますが，それぞれの科目を担当する教員が独自に教科書を選んだ場合には，科目相互間の連絡が必ずしも十分ではないために，貴重な時間に一部重複した内容が講義されたり，逆に必要な事項が漏れてしまったりすることも考えられます．このようなことを防いで効率的な教育を行うための一助として，広い視野に立って妥当と思われる教育内容を組織的に分割・配列して作られた教科書のシリーズを世に問うことは，出版社としての大切な仕事の一つであると思います．

　この「電気・電子系 教科書シリーズ」も，以上のような考え方のもとに企画・編集されましたが，当然のことながら広大な電気・電子系の全分野を網羅するには至っていません．特に，全体として強電系統のものが少なくなっていますが，これはどこの大学・高専等でもそうであるように，カリキュラムの中で関連科目の占める割合が極端に少なくなっていることと，科目担当者すなわち執筆者が得にくくなっていることを反映しているものであり，これらの点については刊行後に諸先生方のご意見，ご提案をいただき，必要と思われる項目

については，追加を検討するつもりでいます。

　このシリーズの執筆者は，高専の先生方を中心としています。しかし，非常に初歩的なところから入って高度な技術を理解できるまでに教育することについて，長い経験を積まれた著者による，示唆に富む記述は，多様な学生を受け入れている現在の大学教育の現場にとっても有用な指針となり得るものと確信して，「電気・電子系 教科書シリーズ」として刊行することにいたしました。

　これからの新しい時代の教科書として，高専はもとより，大学・短大においても，広くご活用いただけることを願っています。

1999年4月

編集委員長　髙　橋　　寛

まえがき

　近年のエレクトロニクス技術の進展は目覚ましく，高性能で非常に小型の装置が実現され，日常生活におおいに活用されている。これらのエレクトロニクス製品の心臓部ともいえる電気・電子回路素子はさまざまな材料を用いて作られており，使われる材料の特性が直接回路素子の性能に影響を与えることもある。したがって，電気・電子材料工学の知識は，材料開発に興味をもつ人はもちろん，回路設計技術者を目指す人たちにとっても不可欠になっているといえよう。一方で，使用される材料に要求される機能や特性が多様化していることに伴ってその種類も多岐にわたるようになっており，学習者にとって電気・電子材料工学のすべての範囲を網羅することは困難で，習得しにくい分野になってしまった感がある。

　本書は，電気・電子工学分野の技術者を目指す初学者を対象として，章ごとに電気・電子材料としてよく使用される材料を取り上げ，この分野で必要となる電気・電子材料工学知識への入門書となるよう構成した。まず，1 章で材料論の基礎を概説した後，2〜6 章で機能別に材料を解説している。続いて，7 および 8 章では，最近注目されているオプトエレクトロニクス材料や機能性炭素材料を取り上げて，その特徴から応用までを概説した。さらに，9 章でこれまであまり入門書で取り上げられることがなかった材料評価法の実際を解説し，材料に関する実習などにおいても役立つ基礎知識を提供している。いずれの章も，基礎を初学者にわかりやすく解説することに心がけたつもりである。それぞれの材料について，その分野での教育研究指導の経験をもつ執筆者が担当し，ポイントを絞ってコンパクトに記述してあるので，学習者は本書で得た知識を基礎として，各自がその後専門的に取り扱う分野についてさらに学習を深めていただきたい。

まえがき

　本書で述べた電気・電子材料の分野は世界中の研究者がしのぎを削って取り組み，つねに新しい研究成果が報告されている。そうした意味で，本書の記述はすでに古くなってしまった部分もあるかもしれない。しかし，基礎知識として必要な項目を選んで記述したつもりであるので，入門として理解できるようじっくり取り組んでいただきたい。本書をきっかけにして，先端材料開発などの分野に興味をもつ学生諸君が増えてくれれば，望外の喜びである。

　本書の執筆にあたっては，*1*，*5*，*6* 章を藤原，*2*，*8* 章を押田，*3*，*4* 章を中澤，*7* 章を服部，*9* 章を森山が担当した。記述の正確さには注意したつもりであるが，思わぬ誤りなどがあるかもしれない。読者の皆様のご教示，ご叱正を賜れば幸いである。

　おわりに，本書の執筆にあたって大変お世話になっただけでなく遅々として執筆の進まない原稿を忍耐強くお待ちいただいた，コロナ社の皆さんに，お詫びとともに御礼申し上げます。

2004 年 11 月

著　　者

目　　　次

1.　　材料科学の基礎

1.1　は じ め に …………………………………………………*1*
1.2　原子内での電子配置 ……………………………………*1*
1.3　原子のポテンシャルエネルギー ………………………*4*
1.4　原 子 間 の 結 合 ……………………………………………*5*
1.5　原 子 配 列 …………………………………………………*8*

2.　　導電材料と抵抗材料

2.1　導　電　性 …………………………………………………*10*
2.2　金属の導電現象 …………………………………………*10*
　2.2.1　抵抗とオームの法則 …………………………………*10*
　2.2.2　抵抗発生の要因 ………………………………………*13*
　2.2.3　接 触 抵 抗 ……………………………………………*15*
2.3　導　電　材　料 ……………………………………………*16*
　2.3.1　銅 と 銅 合 金 …………………………………………*16*
　2.3.2　アルミニウムとアルミニウム合金 …………………*17*
　2.3.3　複 合 材 料 ……………………………………………*18*
　2.3.4　導 電 塗 料 ……………………………………………*18*
　2.3.5　特殊導電材料 …………………………………………*19*
2.4　抵　抗　材　料 ……………………………………………*19*
　2.4.1　金属抵抗材料 …………………………………………*20*
　2.4.2　非金属抵抗材料 ………………………………………*20*
演習問題 …………………………………………………………*21*

3. 半導体材料

- 3.1 半導体の特徴 …………………………………………………… 22
- 3.2 真性半導体と不純物半導体 …………………………………… 24
  - 3.2.1 真性半導体の電子統計 …………………………………… 24
  - 3.2.2 不純物半導体 ……………………………………………… 27
- 3.3 元素半導体と化合物半導体 …………………………………… 29
  - 3.3.1 元素半導体 ………………………………………………… 29
  - 3.3.2 化合物半導体 ……………………………………………… 30
- 3.4 半導体材料作成法 ……………………………………………… 31
  - 3.4.1 バルク半導体結晶 ………………………………………… 31
  - 3.4.2 半導体薄膜 ………………………………………………… 34
- 3.5 半導体の応用 …………………………………………………… 35
- 演習問題 ……………………………………………………………… 36

4. 誘電体材料

- 4.1 誘電体の電気的性質 …………………………………………… 37
  - 4.1.1 誘電分極 …………………………………………………… 38
  - 4.1.2 誘電分散 …………………………………………………… 42
  - 4.1.3 誘電損 ……………………………………………………… 44
  - 4.1.4 強誘電体 …………………………………………………… 44
  - 4.1.5 絶縁破壊 …………………………………………………… 46
- 4.2 誘電体の応用 …………………………………………………… 47
  - 4.2.1 キャパシタ用誘電体 ……………………………………… 47
  - 4.2.2 圧電体 ……………………………………………………… 49
  - 4.2.3 焦電体 ……………………………………………………… 51
- 演習問題 ……………………………………………………………… 51

5. 磁性材料

- 5.1 磁性の根源 ……………………………………………………… 52

- 5.2 原子の磁気モーメント ……………………………………………53
- 5.3 物質の磁性の種類 ………………………………………………56
  - 5.3.1 常磁性 …………………………………………………56
  - 5.3.2 反磁性 …………………………………………………57
  - 5.3.3 強磁性 …………………………………………………58
  - 5.3.4 反強磁性とフェリ磁性 …………………………………59
- 5.4 強磁性体の磁化機構 ……………………………………………62
  - 5.4.1 磁化曲線 ………………………………………………62
  - 5.4.2 透磁率 …………………………………………………64
  - 5.4.3 静磁エネルギー …………………………………………64
  - 5.4.4 磁気異方性 ……………………………………………65
  - 5.4.5 磁気ひずみ ……………………………………………66
  - 5.4.6 ヒステリシス損 …………………………………………67
  - 5.4.7 渦電流損 ………………………………………………68
- 5.5 各種磁性材料 ……………………………………………………68
  - 5.5.1 軟磁性材料 ……………………………………………68
  - 5.5.2 硬磁性材料 ……………………………………………73
- 演習問題 …………………………………………………………………76

6. 超伝導材料

- 6.1 超伝導の発見 ……………………………………………………77
- 6.2 超伝導体の基本的性質 …………………………………………78
  - 6.2.1 超伝導の原因 …………………………………………78
  - 6.2.2 マイスナー効果 …………………………………………81
  - 6.2.3 臨界磁界 ………………………………………………81
  - 6.2.4 臨界電流密度 …………………………………………82
  - 6.2.5 ジョセフソン効果 ………………………………………83
- 6.3 超伝導材料 ………………………………………………………83
  - 6.3.1 合金超伝導体 …………………………………………84
  - 6.3.2 化合物超伝導体 …………………………………………85
  - 6.3.3 酸化物超伝導体 …………………………………………87

- 6.4 超伝導材料の応用 …………………………………… 88
  - 6.4.1 高磁界の発生 …………………………………… 88
  - 6.4.2 エネルギー分野への応用 …………………………… 90
  - 6.4.3 エレクトロニクス分野への応用 ……………………… 91
- 演習問題 ………………………………………………… 91

7. オプトエレクトロニクス材料

- 7.1 オプトエレクトロニクスの基礎 …………………………… 92
  - 7.1.1 オプトエレクトロニクスとは ………………………… 92
  - 7.1.2 光の波動性と粒子性 ……………………………… 93
  - 7.1.3 光と物質の相互作用 ……………………………… 97
  - 7.1.4 オプトエレクトロニクス材料の種類と分類 …………… 98
- 7.2 発光デバイス材料 …………………………………… 99
  - 7.2.1 レーザ ………………………………………… 99
  - 7.2.2 発光ダイオード ………………………………… 102
  - 7.2.3 エレクトロルミネセンス材料 ……………………… 103
- 7.3 受光デバイス材料 …………………………………… 104
  - 7.3.1 光導電材料 …………………………………… 104
  - 7.3.2 ホトダイオード材料 ……………………………… 105
- 7.4 光変調デバイス材料 ………………………………… 107
  - 7.4.1 電気光学材料 ………………………………… 107
  - 7.4.2 音響光学材料 ………………………………… 107
  - 7.4.3 磁気光学材料 ………………………………… 108
- 7.5 光ファイバ材料 ……………………………………… 109
  - 7.5.1 光ファイバの構造と光伝送 ………………………… 109
  - 7.5.2 石英系光ファイバ ……………………………… 110
  - 7.5.3 プラスチック光ファイバ ………………………… 111
- 7.6 光ディスク材料 ……………………………………… 111
  - 7.6.1 再生専用光ディスク …………………………… 111
  - 7.6.2 記録可能型光ディスク ………………………… 112

演習問題 ………………………………………………………………… *113*

8. 機能性炭素材料

8.1 機能性炭素材料とは ……………………………………………… *114*
8.2 炭素材料の特徴 ……………………………………………… *114*
 8.2.1 炭素の同素体 ………………………………………… *114*
 8.2.2 炭素材料の性質 ……………………………………… *117*
8.3 カーボンファイバ ………………………………………………… *118*
 8.3.1 特 徴 ……………………………………………… *118*
 8.3.2 分 類 ……………………………………………… *119*
 8.3.3 用 途 ……………………………………………… *121*
8.4 多孔質炭素材料 ……………………………………………… *124*
 8.4.1 活 性 炭 ……………………………………………… *124*
 8.4.2 活性炭素繊維 ………………………………………… *125*
 8.4.3 用 途 ……………………………………………… *125*
8.5 その他の炭素材料 ……………………………………………… *126*
 8.5.1 グラファイト層間化合物 ……………………………… *126*
 8.5.2 高密度グラファイト …………………………………… *127*
演習問題 ………………………………………………………………… *127*

9. 材料評価技術

9.1 はじめに ……………………………………………………… *128*
9.2 材料一般分析 ………………………………………………… *128*
 9.2.1 X 線 回 折 …………………………………………… *128*
 9.2.2 電子顕微鏡 …………………………………………… *135*
 9.2.3 密度の測定 …………………………………………… *138*
9.3 電気的特性評価 ……………………………………………… *144*
 9.3.1 抵抗率の測定 ………………………………………… *144*
 9.3.2 誘電率の測定 ………………………………………… *149*
 9.3.3 透磁率の測定 ………………………………………… *154*

9.3.4	磁化特性の測定	*157*
9.3.5	ホール係数の測定	*159*
9.4	光学的特性評価	*161*
9.4.1	屈折率の測定	*161*
9.4.2	光の反射率，吸収係数および透過度の測定	*163*
9.4.3	分光分析	*167*
9.5	機械的特性評価	*173*
9.5.1	硬度	*173*
9.5.2	引張強度	*175*
9.5.3	曲げ強度	*177*
9.5.4	付着強度	*178*
9.5.5	薄膜の内部応力	*179*

演習問題 …… *181*

引用・参考文献 …… *183*

演習問題解答 …… *185*

索引 …… *192*

1

材料科学の基礎

1.1 はじめに

　あらゆる分野の科学技術の発展を根底で支えてきたものは，材料科学の発達であろう。より優れた性質を目指した材料の改良および新素材の開発は，各分野における技術システムの性能向上に大きく貢献してきた。材料の改良・開発およびその有効利用において大切なことは，材料（物質）の基本的な性質を十分に理解することである。

　本章では，材料科学を学ぶ出発点として，固体物性の初歩となる原子内の電子配置，原子間の相互作用，原子配列について簡単に説明する。

1.2 原子内での電子配置

　原子内において原子核のまわりを運動する電子の状態は，以下に示す四つの**量子数**（quantum number）n, l, m, s の組合せで指定される。

　〔**1**〕 **主量子数**　　主量子数（principal quantum number）n は電子がどのようなエネルギーをとるのかを指定する量子数である。$n=1$ で指定されるエネルギー状態はまとめてK殻と呼ばれ，原子核に最も近いところに存在している。以下，$n=2$ の場合をL殻，$n=3$ の場合をM殻と呼ぶ。

　〔**2**〕 **方位量子数**　　主量子数 n で指定された一つのエネルギー状態において，電子はいくつかの異なる角運動量（軌道の形）をもつことが許される。

1. 材料科学の基礎

この角運動量の値を指定するのが**方位量子数**（azimuthal quantum number）l である。l のとりうる値の上限は主量子数 n によって決まり

$$l = 0,\ 1,\ 2,\ \cdots,\ n-1$$

と与えられる。$l = 0,\ 1,\ 2,\ 3,\ \cdots$ の各状態にはそれぞれ s, p, d, f, $\cdots$ と名前が付けられている。通常，主量子数と一緒にして，電子の各状態を 1s($n = 1,\ l = 0$), 2s($n = 2,\ l = 0$), 2p($n = 2,\ l = 1$) などと表現する。

〔3〕 **磁気量子数** 原子が磁界内に置かれると，同じエネルギーかつ同じ角運動量をもつ電子状態において，角運動量の磁界方向の成分の異なる状態がいくつか存在できる。この磁界方向の成分の値を指定するのが**磁気量子数**（magnetic quantum number）m である。m は l によって制限され

$$m = 0,\ \pm 1,\ \pm 2,\ \cdots,\ \pm l$$

の各値をとる。

〔4〕 **スピン量子数** 一組の量子数 $(n,\ l,\ m)$ で指定される電子状態には，電子の自転に関して必ず 2 通りの状態が存在する。これらを指定するのが**スピン量子数**（spin quantum number）s であり，$+1/2$ か $-1/2$ のいずれかの値をとる。

各原子において，以上四つの量子数で指定された各状態に電子が収容されるが，このとき以下に述べる重要な原理に従わなければならない。

> 原子内において，四つの量子数 $n,\ l,\ m,\ s$ がすべて等しい電子は二つと存在しない。

つまり，四つの量子数で指定された一つの電子状態には，ただ 1 個の電子しか収容できないということで，これを**パウリの原理**（Pauli's principle）と呼ぶ。また，電子は主としてエネルギーの低い状態から順次占有される。ただし，各状態のエネルギーは主量子数 n と方位量子数 l に依存し，n と l が大きいほど高いエネルギーをもつ。参考までに，各原子においてどの状態に何個の電子が収容されているか，その一部を**表 1.1** に示す。

以上のように，各原子においてエネルギーの低い状態から順序よく電子を収容していくと，原子の一番外側の電子配置を知ることができるが，この電子配

表1.1 電子配置

原子番号	元素	K殻	L殻		M殻			N殻			
		1s	2s	2p	3s	3p	3d	4s	4p	4d	4f
1	H	1									
2	He	2									
3	Li	2	1								
4	Be	2	2								
5	B	2	2	1							
6	C	2	2	2							
7	N	2	2	3							
8	O	2	2	4							
9	F	2	2	5							
10	Ne	2	2	6							
11	Na	2	2	6	1						
12	Mg	2	2	6	2						
13	Al	2	2	6	2	1					
14	Si	2	2	6	2	2					
15	P	2	2	6	2	3					
16	S	2	2	6	2	4					
17	Cl	2	2	6	2	5					
18	Ar	2	2	6	2	6					
19	K	2	2	6	2	6		1			
20	Ca	2	2	6	2	6		2			
21	Sc	2	2	6	2	6	1	2			
22	Ti	2	2	6	2	6	2	2			
23	V	2	2	6	2	6	3	2			
24	Cr	2	2	6	2	6	5	1			
25	Mn	2	2	6	2	6	5	2			
26	Fe	2	2	6	2	6	6	2			
27	Co	2	2	6	2	6	7	2			
28	Ni	2	2	6	2	6	8	2			
29	Cu	2	2	6	2	6	10	1			
30	Zn	2	2	6	2	6	10	2			
31	Ga	2	2	6	2	6	10	2	1		
32	Ge	2	2	6	2	6	10	2	2		
33	As	2	2	6	2	6	10	2	3		
34	Se	2	2	6	2	6	10	2	4		
35	Br	2	2	6	2	6	10	2	5		
36	Kr	2	2	6	2	6	10	2	6		

置が元素の化学的性質と密接な関係にあることがわかる。例えば，He，Ne，Ar などの原子の場合，一番外側の電子配置は満席状態（閉殻構造）になっており，このことがこれらの元素の化学的性質における安定性の原因になっていると考えられる。また，H，Li，Na などの原子の場合は，一番外側が s 状態に 1 個の電子が入った電子配置になっており，いずれも 1 価の陽イオンになりやすいという性質をもっている。このように電子を放出して閉殻構造をとろうとする原子は**電気的陽性**（electropositive）といい，金属的な性質を示す。さらに，F，Cl などの原子は，逆に p 状態が 1 個足りない電子配置になっており，電子を取り込んで陰イオンになりやすい。このような原子は**電気的陰性**（electronegative）といい，通常非金属的な性質を示す。

1.3 原子のポテンシャルエネルギー

原子間には**近距離力**（short range force）と**遠達力**（long range force）の 2 種類の力が作用する。近距離力は原子間距離 r が小さいときに斥力として現れる。一方，遠達力は r がかなり大きいところまで引力として働く。したがって，原子のポテンシャルエネルギー U は，近距離力（斥力）に基づくものと遠達力（引力）に基づくものとの和として与えられ，原子間距離 r の関数として図 **1.1** のような形になる。

原子間距離が r_0 で原子のポテンシャルエネルギーは極小値を示しており，2 原子は距離 r_0 より近づくことはない。この原子間距離 r_0 を平衡原子間距離と

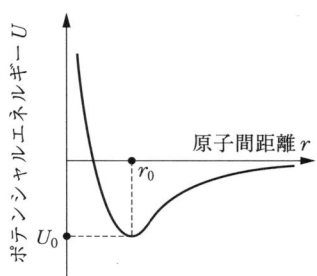

図 **1.1** 原子のポテンシャルエネルギー

呼び，また，r_0 でのポテンシャルエネルギー U_0 は **結合エネルギー**（bond energy）と呼ばれ，原子間の結合の度合を示す。この U_0 は原子対が分離するためのエネルギーと考えることもでき，**解離エネルギー**（dissociation energy）ともいう。

いずれにせよ，図に見られるポテンシャルのくぼみは固体物性を議論するにあたりたいへん重要になる。

1.4 原子間の結合

原子間の結合方法にはいくつかの異なった型があるが，結合力の大きさにより二つに分類される。一つは大きな原子間力に基づいたもので，イオン結合，共有結合，金属結合が属する。

二つ目は小さな原子間力に基づいたもので，ファンデルワールス結合と水素結合が属する。

〔1〕**イオン結合**　電気的陽性度の高い金属原子は価電子を放出して陽イオンになりやすい。一方，電気的陰性度の高い非金属原子は電子を取り込んで陰イオンになりやすい。このとき，陽陰イオンいずれも閉殻で安定な電子状態にあり，双方に静電的引力による結合力が生じる。このような陽イオンと陰イオン間のクーロン力に基づいた結合を**イオン結合**（ionic bond）という。イオン結合において，イオン間の距離が小さくなるに従いクーロン引力は増大するが，近づき過ぎると双方の電子殻の重なりが生じ，これが反発力を生む原因となる。この反発力が前節で述べた近距離力である。

イオン結合の代表的な物質は NaCl である。Na 原子の電子配置は外殻（3s）に 1 個の電子をもち，Cl 原子については外殻（3p）に 5 個の電子をもっている。そこで，Na 原子が 3s 電子を放出し，これを Cl 原子の 3p 状態に取り込むことで，双方が閉殻で安定な陽陰イオンになって結合する。

イオン結合で形成される物質の基本的特性は，結合力が強いため硬く，また閉殻構造をとるため導電性は低い。

〔2〕 **共 有 結 合**　　閉殻構造をもたない原子が，他の原子との間で外殻の電子を共有し結合する場合を**共有結合**（covalent bond）という。例えば，酸素原子の電子配置は外殻（2s, 2p）に6個の電子をもち，閉殻構造になるのに2個足りない。そこで，他の酸素原子との間でたがいに2個ずつ電子を共有することで安定な閉殻構造となり，酸素分子（O_2）を形成する。また，メタン（CH_4）のような炭素と水素の化合物も共有結合を行う。炭素原子は外殻（2s, 2p）を閉殻にするのに4個の電子が不足しており，4個の水素原子との間で共有結合することで安定な電子構造をとることができる。酸素分子とメタンの共有結合を**図 1.2** に示す。

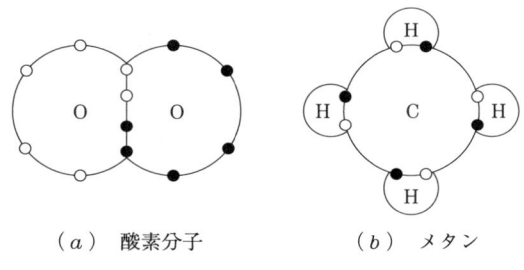

(a) 酸素分子　　　(b) メタン

図 1.2　共 有 結 合

　共有結合の物質は，イオン結合と同様に，結合力が強いため硬く，融点が高い。また，閉殻構造をとるため導電性が低い。

〔3〕 **金 属 結 合**　　金属原子内の外殻電子（価電子）は原子核との結合が弱く，原子への従属から離れやすい状態にある。そこで，金属原子が多数集まると，価電子は特定の原子に束縛されることなく，原子間を自由に動き回る**自由電子**（free electron）となる。一方，金属原子は価電子の放出により陽イオンとして存在し，その周囲を自由電子が分布する形になる。このとき，陽イオンと自由電子の間には静電気力が作用し，これが**金属結合**（metallic bond）を特徴づける結合力となる。

　自由電子の存在は金属に固有な性質を与え，金属が高い導電性および熱伝導度をもつ大きな要素となる。

〔4〕 **ファンデルワールス結合**　閉殻構造をもつ不活性ガス（He, Ne など）や共有結合により安定な電子配置をもつ分子（H_2, O_2 など）においても，原子（分子）間に弱い結合力が働く。この力は**電気双極子**（electric dipole）に基づいたもので，ファンデルワールス力と呼ばれ，これによる結合を**ファンデルワールス結合**（Van der Waals bond）という。

　例えば，電気的に中性な分子でも正・負の電荷が一様に分布しているとは限らず，図 **1**.3 に示すように電荷分布に偏りが見られる場合がある。このように，正と負の領域が分離したような状態になることを**分極**（polarization）と呼び，分極したものをまとめて電気双極子という。このように各分子が電気双極子となっている場合，分子どうしの間に引力が働き，これがファンデルワールス力となる。

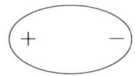

図 **1**.3　分子における電荷の偏り
（電気双極子）

　一方，分極していない分子においても，分子内の電子の運動により一時的に正負の電荷分布に偏りが生じたり，外部からの電界により分子内に分極が誘起されたときにもファンデルワールス力は発生する。

　なお，気体分子が低温で液体さらに固体になったり，気体分子が固体に吸着されるのは，いずれもファンデルワールス力によるものである。

〔5〕 **水 素 結 合**　H 原子が電気的陰性度の高い原子（O, N, Cl など）と結合し分子を形成する場合，H 原子内の電子は相手原子のほうに引き寄せられ，その結果，各分子は H 原子側が正，相手原子側が負の電気双極子となる。したがって，一つの分子の H 原子側（正）にほかの分子内の負側の原子が静電気力で結合することになる。このように H 原子が介在する結合を**水素結合**（hydrogen bond）という。これを図 **1**.4 に示す。

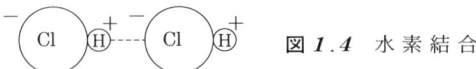

図 **1**.4　水 素 結 合

1.5 原子配列

原子または分子が3次元空間内を周期的に規則正しく配列したものを**結晶**（crystal）と呼ぶ。これに対して，原子または分子に長範囲の規則性がないものを**非晶質**（amorphous）と呼ぶ。一般に，多くの固体は結晶を形成するが，固体の物性を議論するときに，この結晶構造はたいへん重要な要素となる。

結晶内における原子配列は，**図1.5**に示すような立体的な平行線群によって表現され，平行線群の各交点に原子が配置される。この交点を**格子点**（lattice point），格子点が空間内を周期的に配列したものを**空間格子**（space lattice）と呼ぶ。また，空間格子は図の太線で描かれた一つの平行六面体の立体的な繰返しと考えることができ，この最小単位となる平行六面体を**単位格子**（unit cell）と呼ぶ。すべての物質の結晶構造はこの単位格子の形および大きさで記述できる。

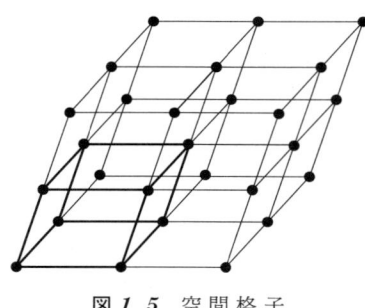

図1.5 空間格子

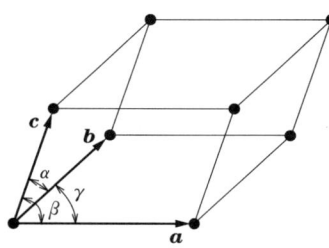

図1.6 単位格子

単位格子の形・大きさは，**図1.6**に示すように単位格子の一つの点を原点として，そこから引いた3本のベクトル a, b, c で表現でき，これらを**結晶軸**（crystallographic axis）と呼ぶ。各軸の長さ a, b, c および各軸の間の角度 α, β, γ をまとめて**格子定数**（lattice constant）と呼ぶ。

また，単位格子は格子定数に基づいて，**表1.2**および**図1.7**に示す7種類の結晶系に分類される。

1.5 原子配列

表 1.2 7種類の結晶系

結晶系	軸の長さ	軸間の角
立方晶	$a = b = c$	$\alpha = \beta = \gamma = 90°$
正方晶	$a = b \neq c$	$\alpha = \beta = \gamma = 90°$
斜方晶	$a \neq b \neq c$	$\alpha = \beta = \gamma = 90°$
三方晶	$a = b = c$	$\alpha = \beta = \gamma \neq 90°$
六方晶	$a = b \neq c$	$\alpha = \beta = 90°\quad \gamma = 120°$
単斜晶	$a \neq b \neq c$	$\alpha = \gamma = 90° \neq \beta$
三斜晶	$a \neq b \neq c$	$\alpha \neq \beta \neq \gamma \neq 90°$

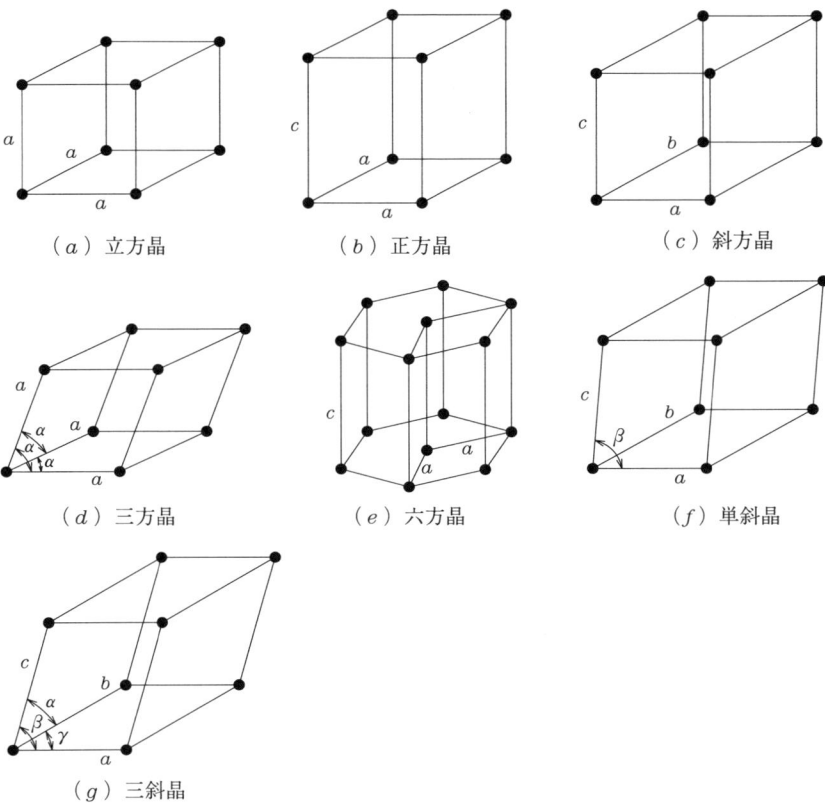

(a) 立方晶　(b) 正方晶　(c) 斜方晶
(d) 三方晶　(e) 六方晶　(f) 単斜晶
(g) 三斜晶

図 1.7 7種類の結晶系

2

導電材料と抵抗材料

2.1 導 電 性

　電気をよく流す物質を導電材料という。物質の種類により電気の流れやすさが大きく変化する原因は，物質中にある電荷の数と移動のしやすさが違うからである。電荷は電界の作用を受けて移動する。電荷を運ぶものを**キャリヤ** (carrier) と呼ぶ。キャリヤには電子，正孔，イオンなどがあり，物質の種類により主として電荷を運ぶキャリヤが異なっている。電子は e ($e = -1.602 \times 10^{-19}$C) の負電荷をもち，正孔は e の正電荷をもっている。また，イオンの電荷には正負のものがあり，それぞれ (e, $2e$, $3e$, …)，($-e$, $-2e$, $-3e$, …) と e の整数倍の電荷をもつ。本章ではキャリヤが多数存在する導電性のある材料について述べる。

2.2 金属の導電現象

　導電性のよい代表的な材料が金属である。金属中には電荷を運ぶキャリヤとして，自由に動き回ることのできる電子（自由電子）が多数存在する。この自由電子により金属の導電現象が起こる。

2.2.1 抵抗とオームの法則
　金属中の自由電子は熱運動している。この電子の平均速度 $\langle v \rangle$ と絶対温度

T の関係は，質量を m，ボルツマン定数を k とすると

$$\frac{1}{2}m\langle v\rangle^2 = \frac{3}{2}kT \qquad (2.1)$$

で表される。いま一方向（x 方向）に電界 E_x を加えると，電子は $-x$ の向きに力を受ける。この力による電子の x 方向の平均運動量 $\langle P_x\rangle$ は x 方向の平均速度を $\langle v_x\rangle$ とすると

$$\langle P_x\rangle = m\langle v_x\rangle \qquad (2.2)$$

である。したがって，電子の速度は次式で表される。

$$\frac{\langle P_x\rangle}{dt} = m\frac{d\langle v_x\rangle}{dt} = -eE_x \qquad (2.3)$$

この式から電界による電子の加速度は

$$\left(\frac{d\langle v_x\rangle}{dt}\right)_{\text{field}} = -\frac{eE_x}{m} \qquad (2.4)$$

となる。式 (2.4) 左辺の添字 field は電界による加速度を示している。式 (2.4) の右辺から電界による電子の加速度は，電荷と電界の強さの積に比例し，その質量に反比例することがわかる。金属結晶中を移動する電子は結晶格子点の熱振動や不純物などの作用により減速する。**図 2.1** は，電界により加速された電子が結晶格子点の熱振動により散乱し，減速するイメージである。

ある時間 t における電子の平均速度は**図 2.2** のように指数関数的に減少し

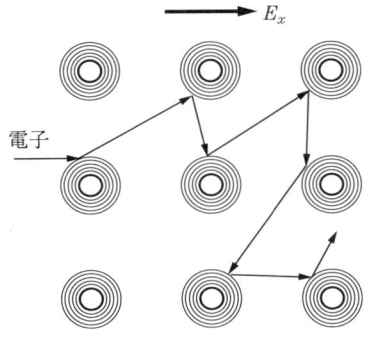

図 2.1 結晶格子点の熱振動による電子の散乱

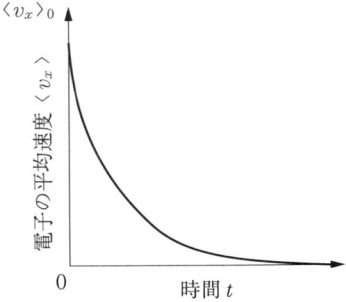

図 2.2 時間の経過と電子の平均速度

$$\langle v_x \rangle = \langle v_x \rangle_0 e^{-\frac{t}{\tau}} \tag{2.5}$$

で表される。ここで，τ は電子の**平均緩和時間**と呼ばれる。t で微分して加速度を求めると

$$\left(\frac{d\langle v_x \rangle}{dt}\right)_{\text{collision}} = -\frac{\langle v_x \rangle_0}{\tau} e^{-\frac{t}{\tau}} = -\frac{\langle v_x \rangle}{\tau} \tag{2.6}$$

となる。式 (2.6) 左辺の添字 collision は散乱による加速度を示している。一定時間の後，平衡状態になると電子の電界による加速度と散乱による加速度はつり合うから，次式が成り立つ。

$$\left(\frac{d\langle v_x \rangle}{dt}\right)_{\text{field}} + \left(\frac{d\langle v_x \rangle}{dt}\right)_{\text{collision}} = 0 \tag{2.7}$$

上式に式 (2.4)，(2.6) を代入して，次式を得る。

$$\langle v_x \rangle = -\frac{e\tau}{m} E_x = -\mu E_x \tag{2.8}$$

ここで，$\mu = e\tau/m$ は電子の**移動度**と呼ばれる。式 (2.8) の $\langle v_x \rangle$ は金属中を見かけの電荷が移動する速度（ドリフト速度）となっている。

金属の単位体積中の自由電子の数を n とすると，x 方向の電流密度（単位断面を単位時間に通過する総電荷量）J_x は

$$J_x = -ne\langle v_x \rangle = ne\mu E_x = \sigma E_x = \frac{1}{\rho} E_x \tag{2.9}$$

となる。ここで，σ は**導電率**，ρ は**抵抗率**で，式 (2.9) より

$$\sigma = \frac{1}{\rho} = ne\mu \tag{2.10}$$

の関係がある。式 (2.9) で，特に $J_x = \sigma E_x$ の関係を**オームの法則**という。

図 2.3 に示すように，断面積 S，長さ l の金属片の長さ方向（x 方向）に電圧 V をかけ，電流 I が流れるとする。電流密度は $J = I/S$，電界は $E_x =$

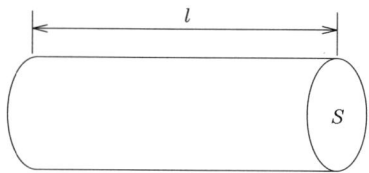

図 **2.3** 金属片と抵抗

V/l で表されるから

$$\frac{I}{S} = \sigma \frac{V}{l} \qquad (2.11)$$

となり，R を抵抗とすると，電気回路で使われるオームの関係式

$$V = \frac{l}{\sigma S} I = RI \qquad (2.12)$$

が得られる。

2.2.2 抵抗発生の要因

電界を加えていないと，金属中の自由電子群は結晶格子点に衝突しながら，それぞれランダムに運動しており，全体として電流が流れない状態にある。電界がかかると**図 2.1** に示したように，電子は結晶格子の影響を受け散乱しながら，電界の方向に移動し電流が生じる。このとき，電子の結晶格子から受ける影響の度合が高くなると平均自由行程が低下し，見かけ上の平均的な電子の移動速度が遅くなる。この結果，金属の電気抵抗が増加し，電流が流れにくくなる。

金属結晶格子の周期性の乱れは格子点の影響を強め，電界による平均的な電子の移動速度を低下させる。結晶格子の周期性が乱れる原因としては，熱による格子点の振動，格子欠陥，粒界によるものなどが考えられる。以下にそれぞれの抵抗発生の要因について，簡単に説明する。

〔**1**〕 **格子の熱振動** 　金属原子は絶対零度付近より高い温度では，熱エネルギーのため平衡点のまわりで振動している。温度が高くなると振動幅は大きくなり，電子の移動を妨げる効果が増す。金属の体積抵抗率 ρ は絶対温度 T の関数であり，次式で表される。

$$\rho(T) = \rho_L(T) + \rho_R \qquad (2.13)$$

ここで ρ_L は前述した格子の熱振動により生じる抵抗率，ρ_R は低温になって温度による項 ρ_L の影響がなくなっても残る格子欠陥などに起因する残留抵抗率である。このような金属の体積抵抗率が熱振動の項と格子欠陥などの材料によって決まる定数の項の和の式 (2.13) となることは**マティッセン**（Matthissen）**の法則**として知られている。**デバイ温度**†を θ_D とすると，$\theta_D \ll T$ では ρ_L は温度 T に比例し，$T \ll \theta_D$ では ρ_L は T^5 に比例する。

〔**2**〕 **格 子 欠 陥**　　実際の金属結晶内には残留抵抗率 ρ_R の原因となる**格子欠陥**（lattice defect）が含まれている。格子欠陥には原子空孔，格子間原子，不純物原子，転位などがある。原子空孔は**図 2.4**（a）に示すように，あるべき結晶格子点の原子がぬけ落ちているものをいう。中性子線などの高エネルギー線を照射することにより原子空孔が数多く発生する。

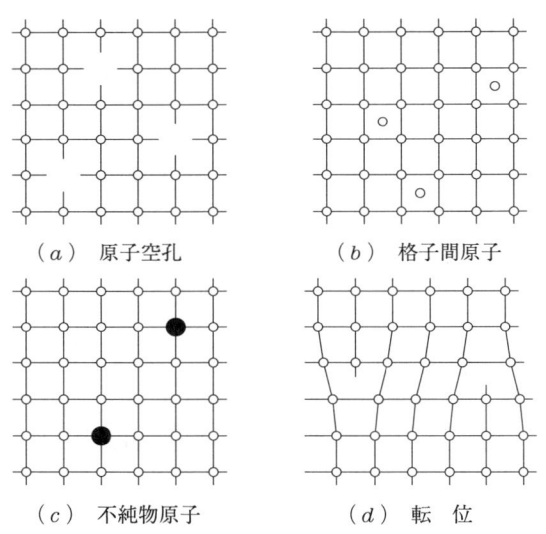

図 2.4　格 子 欠 陥

　図（b）は結晶を構成する原子が格子点の間に入った格子間原子を示している。原子空孔と原子間原子が対をなすものはフレンケル（Frenkel）形欠陥と呼ばれる。結晶を構成する原子と異なる原子（不純物原子）が混入し，結晶格子点の位置に入った格子欠陥を図（c）に示す。図（d）は結晶格子がずれた転位といわれる格子欠陥である。金属導線作成工程の冷間加工の際などに転位が発生する。原子空孔や転位は焼きなましをすることにより，改善できる。格子

---

† 格子の振動数の上限を温度で置き換えたものであり，物質固有の値をもつ。

欠陥は金属の長時間の通電使用による劣化によっても起こる。

以上の格子欠陥は複合的に金属結晶内に存在し，残留抵抗率をもたらしている。

〔3〕**粒　　　界**　　金属片などの粒子の境界では結晶構造が切断されているため結晶の規則性が乱れ，また，いろいろな不純物原子が結合している。これは格子欠陥の一種であり，つぎに述べる接触抵抗発生の原因の一つである。

2.2.3　接触抵抗

金属材料を導線として使う場合，接続部分で接触面ができる。材料を圧着させたとしても図2.5に示すように二つの材料の接触箇所は限定され，接触面が小さくなる。したがって，一つの材料に電流が流れる場合に比べて，二つの材料を接続すると，その接続部分で電流の通過する断面積が小さくなり，抵抗が大きくなる。導電率の高い材料においては，特に接続部分での抵抗が全導電経路の抵抗を支配する。このような材料の接触部分に発生する抵抗を**接触抵抗**（contact resistance）と呼ぶ。

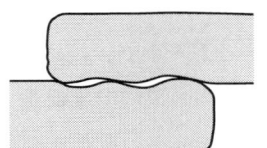

図2.5　金属の接触

接触抵抗発生のもう一つの原因に金属表面の状態によるものがある。金属材料の表面は結晶が途切れる格子欠陥であり，また境界部分は金属原子がむき出しとなるため，さまざまな不純物が結合して酸化が起きたり絶縁性の膜が形成されたりする。このため材料表面は電気抵抗が増加する。このように表面状態により接触抵抗は大きく変化する。したがって，金属材料を接触させ導電経路をつなぐ場合，表面の不純物を取り去ってきれいにした上で接触させると，ある程度接触抵抗を低減させることができる。

金属表面が汚れていたり，異なる種類の金属どうしを接続したりすると，接続部分で電気抵抗が異なるため電流を流すと接触面で反射が起きることがあ

る。反射を防ぐには，接続する金属のインピーダンスを整合させ，接触面を磨くなどの対策が必要である。

2.3 導電材料

導電材料とは，電気を流したときに電力損失が少ない性質をもつ材料であり，代表的なものに銅やアルミニウムなどの金属材料，炭素材料などが挙げられる。導電材料として必要な条件は用途によって異なるが，一般的には（1）電気抵抗が小さい，（2）機械的強度が高い，（3）加工しやすい，（4）資源が豊富で安価なことなどである。半導体も導電性をもつ材料であるが，集積回路に使われるなど非常に広範に使用されている（**3**章を参照されたい）。また，超伝導材料については**6**章で述べられている。

式 (2.12) より，長さ l [m]，断面積 S [m^2] の導体の抵抗 R は，$R = \rho l/S$ [Ω] で表される。ρ は体積抵抗率で物質固有の値であり，単位は [Ω·m] となっている。導電材料の導電率は 20℃における断面積 1 mm^2，長さ 1 m の国際標準軟銅の直流電気抵抗 1/58 Ω（約 0.017 241 Ω）を 100 % としたものである。0℃と100℃における体積抵抗率をそれぞれ ρ_0，ρ_{100} とすると，$\alpha_0 = (\rho_{100} - \rho_0)/100\rho_0$ を体積抵抗率の 0℃，100℃間の**平均温度係数**という。基準温度 t_0 の抵抗を R_0 とし 0℃，100℃間の体積抵抗率の変化を直線で近似すると，この温度範囲の任意の温度 t における抵抗 R は

$$R = R_0(1 + \alpha_0(t - t_0)) \tag{2.14}$$

で与えられる。室温において純金属では導電率が高い順に銀，銅，金，アルミニウム，鉄となっている。

2.3.1 銅と銅合金

導電材料として用いられる銅は，銅鉱石から抽出した粗鋼を，電気分解により精錬した**電気銅**（electrolytic copper）と呼ばれる純度 99.96 % 以上のものであり，その成分規格は JIS H 2121 (1961) で規定されている。銅は電線・

ケーブル材料として，最も多く利用されており，純銅のまま使われたり，合金として用いられたりすることが多い。実際に使う導電材料は，熱間圧延，熱間押出し，あるいは連続鋳造圧延後，常温で伸線加工または圧延加工することにより製造される。

電気銅中に含まれている酸素を 0.005 % 以下に抑えた**無酸素銅**（oxygen free copper）は，化学的に安定であり，展延性，屈曲性，耐疲労性などに優れているため，コードや電子部品のリード線に広く用いられている。

導電材料として銅は優れているが，機械的性質，耐熱性，耐食性にやや難点がある。機械的性質，耐熱性を強化するために，各種銅合金が開発され使用されている。また，耐食性を増すために，Sn メッキが用いられる。Cu-Ag, Cu-Sn などの銅合金は，加工によって高い強度を得るもので，加工硬化形合金と呼ばれる。製造工程中に液体化処理，焼入れなどを施し，銅の母相中に細かな析出物を分散させることにより，高い強度や耐熱性を得るものを熱処理形合金と呼び，Cu-Cr, Cu-Zr, Cu-Be などがこれにあたる。Cu-Ag は耐熱性が要求される架空線の一部に，耐熱性や機械的強度に優れている Cu-Cr は，電極材料や大きな負荷のかかるモータの巻線用導体などに使用されている。このように要求される特性に応じて適切な材料を選ぶことが重要といえる。

2.3.2 アルミニウムとアルミニウム合金

ボーキサイト鉱石からアルミナ分離したのち，電気精錬して得られた純度 99.65 % 以上（成分規格 JIS H 2110（1968）で規定）のアルミニウムが導電材料として使われる。電気精錬時には，8 章で述べる炭素電極が用いられる。導電用アルミニウム線は，前述の銅線の製造工程と同様に行われる。アルミニウムの導電率は銅の約 61 % と低いが，比重は銅の約 1/3 で，同一重量当りの電気抵抗率は銅よりも少ない。このようにアルミニウムは軽量で機械的強度に優れているため，高圧の架空送電線，電力ケーブル，巻線などの電気機器用導体，通信ケーブル，屋内配線，自動車用バッテリーケーブルなどにも使われている。電気用アルミニウムを再電解して精錬した高純度アルミニウム（純度

99％以上）は，耐食性，柔軟性，光沢性に優れ，電解コンデンサなどの電極，箔（はく）などに使われる。

　一般にアルミニウムは耐食性，耐熱性にやや難点があり，これを補ったり，送電線の用途などで強度が不足したりする場合には，アルミニウム合金が用いられる。引張強度を向上させるために，Fe, Si, Mg, Mn, Cu などを添加した合金，耐熱性向上の目的の Al-Zr 系合金などがある。

2.3.3 複合材料

　合金で作られた線のほかに，銅やアルミニウムの導電性と高い強度の鋼を組み合わせた，銅被覆鋼線，アルミニウム被覆鋼線などの複合線がある。ほかにニッケル，スズ，銀などを銅やアルミニウムにめっきした線があり，電子部品のリード線，配線用導体に使用される。

2.3.4 導電塗料

　樹脂や陶器など絶縁材料上に導電性塗料を固着させたものが，回路部品やシールド材料に使われる。**導電塗料**としては，銅，銀，炭素の微粒子などをアク

コーヒーブレイク

導電材料

　一般に導電材料は，常温・常圧・常磁場など，私たちが生活している環境で電気が流れる物質により作られている。しかし，磁界をかけたり，光を照射したり，温度を変化させたり，あるいは圧力をかけると，それまで電気を流さなかった物質が導電性を示すようになることがある。また，この逆の現象も起きる。例えば，リニアモータカーの磁気浮上に使われる電磁石には，極低温状態の超伝導コイルが利用されている。

　このように使用環境を変えれば，導電体を抵抗材料や絶縁体に，絶縁体を導電体や超導電体に変化させることができる。使用する環境条件を広げれば，導電体と絶縁体の境界がわからなってくる。温度や磁場などを変化させ，導電状態が変わる材料を積極的に利用することも考えられる。環境により導電性が変化する物質に電気が流れるメカニズムは，いったいどのようになっているのだろうか？改めて考え直してみたい。

リルなどの熱可塑性樹脂やエポキシなどの熱硬化性樹脂，ゴムなどに混ぜ合わせたものを用いる。

2.3.5 特殊導電材料

過電流から電気機器を守るため，短時間に一定量以上の電流が流れたとき自己溶断する導電材料を**ヒューズ**と呼ぶ。溶断電流，溶断速度など，保護する機器に適した溶断特性をもつヒューズを選択する。高速な電流の遮断が必要な回路の保護には，半導体ヒューズなどを用いる。暖房器具などの加熱防止用には，低融点金属を使用した温度ヒューズが使われる。

バイメタルは熱膨張係数の異なる金属板を張り合わせたもので，温度が変化すると湾曲する性質がある。これは蛍光灯のグローランプ，電熱器具のサーモスイッチなどに利用されている。

2.4 抵 抗 材 料

電子が原子に衝突すると，その運動エネルギーを衝突した原子に与える。エネルギーを得た原子は格子振動が激しくなり，温度が上昇する。すなわち抵抗材料に電流が流れると，**ジュールの法則**（Joule's law）

$$W = \frac{V^2}{R} = I^2 R \ [\mathrm{W}] \qquad (2.15)$$

により，電界による電子の運動エネルギーが熱エネルギーに変わり発熱する。ここで W，I，R は，それぞれ電力〔W〕，電流〔A〕，抵抗〔Ω〕である。

抵抗材料は導電率が低い材料で，電気回路部品の抵抗体や抵抗器として使われる。標準的な抵抗材料に要求される特徴は

- 抵抗率が高い
- 抵抗温度係数が小さい
- 他の金属に対し熱起電力が小さい
- 展延性がよく細線まで加工できる

- 耐熱性，耐食性があり酸化しにくい
- 劣化が少ない
- 経済性

などである。ただし，感温抵抗材料では抵抗温度係数は大きく，熱電対などではほかの金属に対する熱起電力が大きいほうがよい。

2.4.1 金属抵抗材料

抵抗材料はおもに精密計測器の標準抵抗材料，電流制御用，発熱体用，ひずみ計器用として使われる。**標準抵抗**としては，金属抵抗材料である銅-マンガン系合金が用いられる。マンガンを十数％含有したものは，温度係数が非常に小さくなり，さらにニッケルを数％添加することにより，銅に対する熱起電力を下げるとともに耐食性を増加させ，標準抵抗に適した材料となる。

電流制御用の金属抵抗材料としては，精密な電気特性よりも機械的特性，耐熱性，耐食性，経済性が重要であり，銅-ニッケル系合金（コンスタンタンなど），鉄-炭素合金，鉄-クロム-アルミニウム合金などが用いられる。高周波回路などの電流制御には金属皮膜抵抗が用いられる。これは棒状のセラミックスに金属皮膜を蒸着または焼結させ，この金属皮膜にらせん状に溝を切って抵抗値をコントロールしたのち両端にリード線を付け，絶縁塗装したものである。

電熱線など発熱体用の抵抗材料は，耐熱性に優れ，温度変化に耐え，高温でも酸化など変質しにくく，機械的強度のあるものが選ばれる。代表的な電熱線はニクロム線で，1 000℃までの温度範囲で用いられる。タングステンは融点が3 370℃と高く，電球や真空管のフィラメントとして使われている。同材料は大気中で酸化しやすいため，不活性ガス中で使用される。そのほかの発熱体用金属としては，モリブデン，白金などがある。

2.4.2 非金属抵抗材料

非金属抵抗材料としては，炭素を主体としたものが多く用いられる。炭素粉末はグラファイトの微結晶からなり，アモルファス状の薄膜を形成した炭素薄

膜抵抗材料がある．金属薄膜抵抗材料と同じように，電気回路の抵抗として利用される．炭素と粘土，フェノール樹脂などと加熱圧縮成形したものは**ソリッド抵抗**と呼ばれ，これも回路用小型抵抗器として使われる．炭素とケイ素などを混合して焼成した炭化ケイ素抵抗材料は導電率が 0.1〜$50\,\mathrm{k\Omega \cdot m}$ 程度までの広範囲の抵抗体となり，高温用発熱体として用いられる．

金属酸化物も抵抗材料として利用される．加熱したセラミックスに溶融した金属を塗布し，金属の酸化薄膜を形成して抵抗材料とする．耐熱性，安定性があり，電力用精密抵抗体として利用される．サーミスタはコバルト，マンガン，ニッケル，クロムなどの酸化物を混合して焼成した半導体の一種で，負の抵抗温度係数があり，温度制御用，温度補償用回路に使われる．

演 習 問 題

【1】 温度 $0\,°\mathrm{C}$ および $100\,°\mathrm{C}$ での銀の抵抗率をそれぞれ $1.47 \times 10^{-8}\,\Omega\cdot\mathrm{m}$，$2.08 \times 10^{-8}\,\Omega\cdot\mathrm{m}$ としたとき，$20\,°\mathrm{C}$ における銀の抵抗率を予測せよ．また，0〜$100\,°\mathrm{C}$ の温度範囲の平均温度係数 α_0 を求めよ．

【2】 室温で抵抗率 $\rho = 1.54 \times 10^{-8}\,\Omega\cdot\mathrm{m}$ の一様な銀線に $1\,\mathrm{kV/m}$ の電界を加えたとき，電荷のドリフト速度 $\langle v_x \rangle$，移動度 μ，緩和時間 τ を求めよ．ただし，銀のモル質量 M を $108 \times 10^{-3}\,\mathrm{kg/mol}$，質量密度 $\rho_m = 10.5 \times 10^3\,\mathrm{kg/m^3}$ とする．

【3】 直径 $r\,[\mathrm{m}]$，長さ $l\,[\mathrm{m}]$ の導線に電圧 $V\,[\mathrm{V}]$ を印加したとき，$I\,[\mathrm{A}]$ の電流が流れた．この導線を溶かし直径 $2r\,[\mathrm{m}]$ の導線を作って同じ電圧 $V\,[\mathrm{V}]$ を加えた場合，流れる電流とそれぞれの導線の抵抗を求めよ．

【4】 金属中で抵抗が発生する原因を説明せよ．

【5】 接触抵抗を低減する方法を述べよ．

【6】 導電材料として金属単体だけではなく合金も用いられるが，合金材料の利点を述べよ．

【7】 導電材料と抵抗材料の違いを説明し，抵抗材料はどのような用途に用いられるか述べよ．

3

半 導 体 材 料

3.1 半導体の特徴

　半導体材料は，現代エレクトロニクスの中核をなす集積回路（IC）や光通信のための発光・受光素子などの原材料であり，現代の電子回路で使われるデバイスを構成するための中心的存在である。

　半導体を利用することで，小型・軽量で壊れにくく消費電力も少ない装置を安価に作り出すことが可能になったため，われわれの生活に多くの便利な小型電子機器が使われるようになっている。また，半導体は電気エネルギーの変換や制御に関しても重要な役割を果たしている。

　ある物質が半導体であるか否かを判定する基準として，以下に示すような電気的特性に関する四つの特徴が挙げられる。

1） 抵抗率が金属と絶縁物の中間程度
2） 不純物の影響を受けて抵抗率が大きく変わる
3） 抵抗率の温度係数が負である領域がある
4） 外部からのエネルギーの影響を受けて物性が変わる

　ただし，すべての半導体がこの四つの特徴をあわせもっているわけではなく，このうちの二つないし三つの特徴を示すことで半導体と判定されることもある。

　このほかに，半導体の重要な特徴として2種類のキャリヤをもつことが挙げられる。すなわち，負の電荷をもつ電子だけではなく正の電荷をもつ正孔（ホ

ール）が存在し，それぞれの移動によって電流が流れる．後述する不純物半導体では，この2種類のキャリヤのうちのどちらかだけを多量にもたせることで導電性を制御することができる．

以下，先に挙げた四つの特徴についてやや詳しく説明する．

〔**1**〕 **半導体の抵抗率**　　物質を，その電気的な性質で分類すると，高い導電性を示す導電体（主として金属）と非常に電気抵抗が高い絶縁体（プラスチックやセラミックスなど），およびそれらの中間の電気抵抗をもつものとに分けられる．エネルギーバンド構造を考えた場合，金属と絶縁物とでは明らかに異なっているが，半導体と絶縁物のエネルギーバンド構造は基本的に同一である．半導体は**禁制帯幅**が比較的小さいために価電子帯から伝導帯への電子の励起が起こりやすく，これによってキャリヤを生じて電気伝導が起こる．

半導体材料の抵抗値は，後述するようにその材料の禁制帯幅，不純物の状態，環境（温度や光の当たり具合）などによって決まるが，大雑把には，金属と絶縁物との中間程度の電気抵抗（抵抗率 $\rho = 0.1 \sim 8 \times 10^{10}\ \Omega\cdot\mathrm{m}$）をもっている．このように幅広い範囲の抵抗値をもつことも半導体材料の特徴の一つであり，これを利用して集積回路の抵抗成分を作り出すことができる．

〔**2**〕 **電気的特性への不純物の影響**　　半導体材料そのものを構成する元素以外の元素が混入すると，電気的性質が大きく変わるのが半導体の特徴である．この性質を利用して**不純物**の種類と量とを制御することで電気的性質を制御できるため，1枚の基板上にさまざまな電気的性質の領域を作り出して，トランジスタや集積回路などを構成することができる．

逆に，意図しない不純物が混入すると目的とする性質の半導体が得られなくなるため，半導体材料を作成する場合には材料の精製とそれらを取り扱う環境の清浄化が重要となる．

〔**3**〕 **抵抗率の温度係数**　　金属は，温度の上昇に伴って抵抗率が増加する正の温度係数をもっている．これに対して半導体は，温度の上昇とともに価電子帯の電子がより大きなエネルギーを受け取ると，そのエネルギーバンド構造から予想されるようにこの電子が伝導帯に励起されて自由電子になる確率が増

加するので，温度上昇に伴って抵抗率が低下する負の温度係数をもつ．

〔4〕 **外部エネルギーの影響**　半導体では外部からの光や熱のエネルギー入射によりキャリヤが発生して抵抗率が変化する．また，圧力が加わることでエネルギーバンドの状態が影響を受けて禁制帯幅が変化するなど，電気的性質に変化が生じる．各種の半導体センサは，この性質を利用して作られている．

3.2　真性半導体と不純物半導体

本来の構成元素以外に余分な原子を含まない半導体を，**真性半導体**（intrinsic semiconductor）と呼ぶ．すなわち，現在半導体として最も多く利用されているシリコンであればケイ素（Si）原子のみ，また，化合物半導体であるガリウムヒ素であれば，ガリウム（Ga）原子とヒ素（As）原子が正確に1：1の割合で結晶を形作っており，なおかつ半導体としての性質をもっているものが真性半導体である．真性半導体のキャリヤは，**価電子帯**の電子が外部からの何らかのエネルギーによって**伝導帯**まで励起されて生じる**電子**（負の電荷をもつ）と，その電子の抜け孔に相当する**正孔**（**ホール**，正の電荷をもつ）とがあり，これらは対として生成するので，両者が必ず同数存在することになる．

一方，**不純物半導体**（impurity semiconductor）は**外因性半導体**とも呼ばれ，電気的特性の制御のために本来の構成元素以外の元素を意図的に混入させた半導体材料のことをいう．後述するように，不純物の種類により伝導電子または正孔が生成されるので，真性半導体とは異なり，電子と正孔の数は同一にはならず，このことが特別な電気的性質を示す原因の一つとなる．

3.2.1　真性半導体の電子統計

半導体の電気伝導を考えるためにはキャリヤすなわち電子と正孔の密度と**フェルミ準位**について知る必要がある．**図 3.1** は真性半導体におけるキャリヤ密度分布を，状態密度および**フェルミ・ディラック分布関数**（Fermi-Dirac's distribution function）の概要とともに示したものである．

3.2 真性半導体と不純物半導体

(a) 状態密度 $g_c(E)$　**(b) 電子の存在確率（フェルミ・ディラック分布関数）$f_e(E)$**　**(c) キャリヤ密度分布 $(g_c(E) \times f_e(E))$**

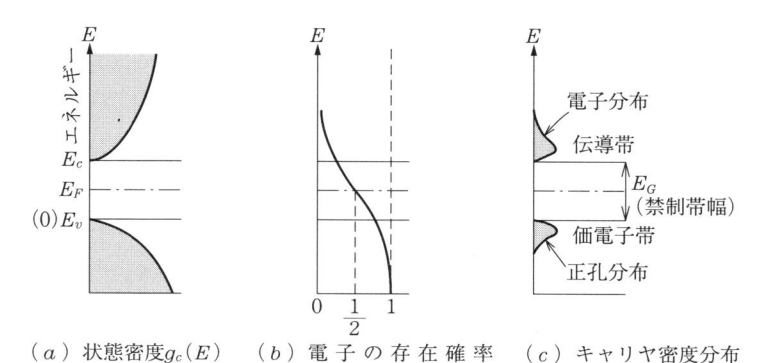

図 3.1 真性半導体のキャリヤ密度分布

伝導帯中の実質的な**キャリヤ密度** n は，エネルギー E において電子が存在できる場所の数に相当する**状態密度** $g_c(E)$ と電子が実際にその場所に存在する確率を表すフェルミ・ディラック分布関数 $f_e(E)$ とを用いて，次式のように両者を掛け合わせ，伝導帯の下端のエネルギー位置 E_c から ∞ まで積分して求められる。

$$n = \int_{E_c}^{\infty} g_c(E) f_e(E) dE \tag{3.1}$$

ここで，$g_c(E)$ は量子論に基づいて次式で与えられる。

$$g_c(E) = 4\pi \left(\frac{2m_e^*}{h^2}\right)^{\frac{3}{2}} \sqrt{E - E_c} \tag{3.2}$$

m_e^* は，半導体中のキャリヤである電子の実効的な質量を表し，**有効質量**と呼ばれる。また，$f_e(E)$ は次式で与えられる。

$$f_e(E) = \frac{1}{\exp\left(\dfrac{E - E_F}{kT}\right) + 1} \tag{3.3}$$

ここで，E_F はフェルミ準位であり，$E = E_F$ のとき，$f_e(E_F) = 1/2$ となる。式 (3.3) は解析するうえで複雑な形であるが，通常の半導体では伝導帯はフェルミ準位から十分に離れていると仮定できるので，分母の項中の「1」は省略することが可能であり，つぎの近似式を用いて計算することができる。

$$f_e(E) = \exp\left(-\frac{E - E_F}{kT}\right) \tag{3.4}$$

この式を**マクスウェル・ボルツマンの式**と呼ぶ。式 (3.2), (3.4) を式 (3.1) に代入して解けば，伝導電子密度が次式のように求められる。

$$n = 2\left(\frac{2\pi m_e^* kT}{h^2}\right)^{\frac{3}{2}} \exp\left(-\frac{E_c - E_F}{kT}\right) \tag{3.5}$$

この式で exp 項は式 (3.4) そのもので占有確率を表しており，その前についている係数の部分を次式のように N_c とおいて，伝導帯の**有効状態密度**と呼ぶ†。

$$N_c = 2\left(\frac{2\pi m_e^* kT}{h^2}\right)^{\frac{3}{2}} \tag{3.6}$$

さらに，価電子帯の正孔密度を求めてみる。価電子帯の状態密度 $g_v(E)$ は，正孔の有効質量を m_h^* とすれば，次式で与えられる。

$$g_v(E) = 4\pi \left(\frac{2m_h^*}{h^2}\right)^{\frac{3}{2}} \sqrt{E_v - E} \tag{3.7}$$

価電子帯における正孔の存在確率 $f_h(E)$ は，そこに電子が存在しない確率に等しいと考えることができるので，次式のようになる。

$$f_h(E) = 1 - f_e(E) \tag{3.8}$$

これらの式を用いて電子の場合と同様に計算すれば

$$p = 2\left(\frac{2\pi m_h^* kT}{h^2}\right)^{\frac{3}{2}} \exp\left(\frac{E_v - E_F}{kT}\right) \tag{3.9}$$

となる。電子の場合と同様に考えて係数部分を価電子帯の有効状態密度と呼び，これを N_v とおけば

$$N_v = 2\left(\frac{2\pi m_h^* kT}{h^2}\right)^{\frac{3}{2}} \tag{3.10}$$

となる。

真性半導体のキャリヤは，価電子帯から伝導帯へ熱的に励起された電子とそ

---

† 有効状態密度の正確な計算のためには，この式にさらにある係数を掛ける必要がある。この係数は，結晶を構成している元素によって異なる「等価な伝導帯の極小点の数」を表し，例えば Si では 6，Ge では 4，GaAs では 1 である。

れに伴って発生した正孔（電子-正孔対）であるから，電子と正孔の数は等しく

$$n = p = n_i \tag{3.11}$$

である。ここで，n_i を**真性キャリヤ密度**と呼ぶ。この式に，式 (3.5)，(3.9) をそれぞれ代入すると，次式のようになる。

$$N_c \exp\left(-\frac{E_c - E_F}{kT}\right) = N_v \exp\left(\frac{E_v - E_F}{kT}\right) \tag{3.12}$$

真性半導体のフェルミ準位は，この式を E_F について解けば

$$E_F = \frac{E_c + E_v}{2} + \frac{3}{4} kT \ln\left(\frac{m_h^*}{m_e^*}\right) \tag{3.13}$$

となる。この式の右辺第 2 項は第 1 項に比べて非常に小さいので，$E_F \simeq (E_c + E_v)/2$ となり，真性半導体のフェルミ準位は E_c と E_v の真ん中，すなわち禁制帯のほぼ中央にあり，温度にもほとんど依存しないことがわかる。

また，真性半導体の電子と正孔の数を掛け合わせると

$$pn = n_i^2 = N_c N_v \exp\left(-\frac{E_G}{kT}\right) \tag{3.14}$$

となる。ここで，E_G は禁制帯幅エネルギーを表し，$E_G = E_c - E_v$ である。熱平衡時には，真性半導体，不純物半導体を問わず一定の値となる。このことを **pn 積一定の関係**という。この pn 積一定の関係から，次項で述べる不純物半導体の場合には，電子密度 n または正孔密度 p のどちらかが真性キャリヤ密度 n_i より大きくなっているので，他方は必ず n_i より小さいことになる。このとき，数が多いほうを**多数キャリヤ**，少ないほうを**少数キャリヤ**と呼ぶ。

3.2.2 不純物半導体

Si は周期律表の IV 族の元素であるが，Si 半導体結晶の原子の一部を V 属元素である P（リン）で置き換えると，P では価電子が Si より 1 個多い 5 個であるため，**図 3.2** に示すように共有結合した場合に電子が一つ余ることになる。

この余分になった価電子は共有結合に寄与している電子に比べて P イオン

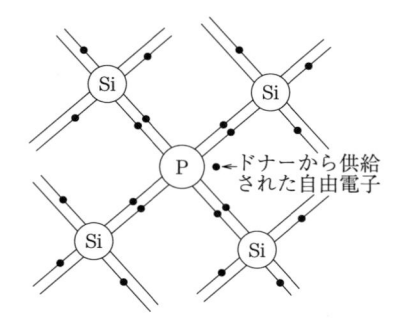

図 3.2 n形半導体のキャリヤ（ドナー原子がPの場合）

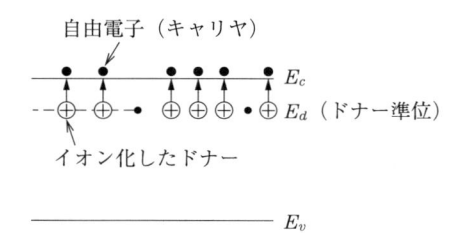

図 3.3 n形半導体のエネルギーバンド図

との結合力が弱いため，外部からわずかなエネルギーが与えられるとP原子の束縛を離れて自由に動けるようになる。これはエネルギーバンドでいうと，**図 3.3**に示すようにもともと伝導帯近くのエネルギー位置にあった電子が伝導帯に励起された状態である。

　このように，真性半導体の原子の一部を適切な原子（不純物）で置き換えると容易にキャリヤの発生が起こる。この例では不純物原子としてのP原子の導入により，負の電荷をもった伝導電子が発生して電気伝導を行うので，このような半導体を **n形**（negative type）**半導体**と呼び，伝導電子を供給する不純物原子を**ドナー**（donor）と呼ぶ。

　一方，Si半導体結晶の原子の一部をⅢ属元素であるB（ホウ素）で置き換えると，Bでは価電子がSiより1個少ないため**図 3.4**に示すように共有結合した場合に電子が一つ足りなくなっている。このため，**図 3.5**に示すように，外部からのわずかなエネルギーによってまわりのSi原子の電子を受け取ることができる。電子を渡したSi原子は，電子が一つ足りなくなるので，ちょうど価電子帯に正孔が発生した状態と同じになる。この場合は不純物原子によって正の電荷をもつ正孔が発生して電気伝導に寄与するので **p形**（positive type）**半導体**とよび，正孔を供給する不純物を**アクセプタ**（acceptor）と呼ぶ。

　半導体に不純物を加えることを**ドーピング**（doping）という。SiなどのⅣ族元素に対して一般的にⅤ族元素（P，As，Sbなど）はドナー不純物として

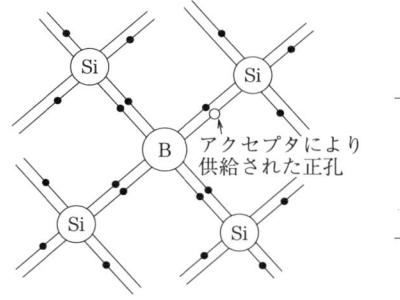

図 3.4 p形半導体のキャリヤ（アクセプタ原子がBの場合）

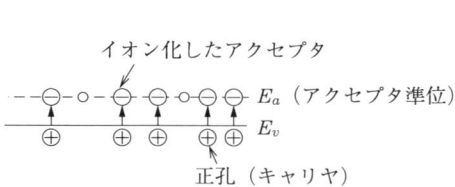

図 3.5 p形半導体のエネルギーバンド図

働き，III族元素（B，Al，In など）はアクセプタ不純物として働く。これらのドナーおよびアクセプタがキャリヤを生成するために必要なエネルギーすなわちイオン化エネルギーは，もとになる半導体が Si の場合で 40〜160 meV 程度であり，Si の禁制帯幅である約 1.1 eV に比べて非常に小さい。このため，室温程度のエネルギーで容易にキャリヤが励起されることになる。

3.3 元素半導体と化合物半導体

3.3.1 元素半導体

現在電子デバイスに最も多く使われている半導体材料は，ケイ素（シリコン，Si）の結晶である。この Si をはじめ，半導体として最も初期から使われているセレン（Se）や，初期のトランジスタなどに使われたゲルマニウム（Ge）などは，基本的に1種類の元素だけでできた結晶である。このような材料を**元素半導体**（element semiconductor）という。

シリコンは地殻内に含まれる元素の中で酸素についで含有量が多いので資源枯渇の問題が起こりにくいことや，Si 自身を酸化して得られる SiO_2 が良好な絶縁物であるために，素子分離用などに好都合であることなどが，集積回路（IC，LSI）に使われる大きな理由である。

3.3.2 化合物半導体

化合物半導体(compound semiconductor)の結晶は2種類以上の元素の組合せでできているので,理論的には無限といっていいほどの種類が考えられる。おもな化合物半導体には,III族元素とV族元素との化合物(ガリウムヒ素(GaAs),インジウムリン(InP),ガリウムリン(GaP)など),II族元素とVI族元素との化合物(カドミウムテルル(CdTe),硫化カドミウム(CdS)など)があり,それぞれ,禁制帯幅をはじめとする物性定数が異なるために,さまざまな応用が試みられている。さらに,3種類以上の元素からなる多元化合物の半導体もある。

元素半導体と比較した化合物半導体の特徴は
- Siなど元素半導体の結晶が共有結合でできているのに対し,化合物半導体結晶は共有結合の性質とイオン結合の性質をあわせもっているので,結合エネルギーが大きい。
- Si, Geが間接型の電子遷移であるのに対して,多くの化合物半導体は直接遷移型であり,高電子移動度,光子に対する高吸収係数などが期待できる。
- 天然自然には存在しないような組合せを人工的に作り出す混晶や超格子などの技術で,任意の禁制帯幅の半導体を作ることも可能である。

などであり,応用にあわせて適切な物性定数,すなわち,禁制帯幅や移動度,格子定数等をもつ材料を選定することも可能である。

LSIへの応用は,現在のところ,GaAsについて行われている程度であるが,このGaAsも含めてほとんどの化合物半導体は,それぞれの特性を生かしてオプトエレクトロニクスをはじめとする各種センサなどに利用するための開発が進められている。現在,実用化されているものはまだあまり多くはないが,III-V族化合物半導体の混晶であるAlGaAsやInGaAsPは,光通信用発光ダイオードおよびホトダイオードに利用され,IV-IV族化合物半導体のSiCやZnSeは青色発光ダイオードの材料として開発が進んでいるなど,光応用の分野を中心にSiでは得られない特性を活用しようとする努力が続けられている。

化合物半導体では,化学量論組成からのずれや格子欠陥などが電気的な性質

に大きな影響を与えるので，結晶の作成法などの差異により，できあがった結晶の特性が必ずしも理論と合致するとは限らず，その性質を詳しく調べるためには電気的な測定を行うだけでなく，結晶性の評価や組成の分析を行うことが非常に重要である。

3.4 半導体材料作成法

　半導体材料の作成法には，LSI製造時の基板などになるSi単結晶ウェーハを作るためのバルク（塊）単結晶を作るための技術と，LSIの活性層や配線層などを作るための薄膜作成技術とがある。化合物半導体についてもSi材料と同様にバルクや薄膜が作成されるが，構成元素が蒸発しやすい性質をもっているなどの理由から，Si材料作成時以上に装置や手法に関して種々の工夫が必要となる。

3.4.1 バルク半導体結晶

〔1〕 **Si単結晶の作成**　　LSI製造時の基板などになるSi単結晶ウェーハを作るためには，**図3.6**に示すように，まず，バルクと呼ばれるSi単結晶の塊を作り，それを薄い板上に切り出して，表面を研磨する。

　Si単結晶バルクを作る代表的な方法には，**図3.7**に示すように，**CZ法**（**チョクラルスキー**（Czocralsky）**法，引上げ法**）および**FZ法**（**浮遊帯溶融**（floating zonemelting）**法**）と呼ばれる二つがある。

　CZ法は引上げ法とも呼ばれ，るつぼ内のSi融液を小さな種単結晶に接触させてゆっくり上方に引き上げながら，この種単結晶の結晶面にそろった面方向に結晶を成長させる方法である。一方，FZ法ではあらかじめ多結晶のバルクを作成しておき，これと種単結晶を接触させる。この接触部付近を長さ方向には狭い範囲で加熱して溶解させた後，加熱部分を図の上方に移動させていくと，種結晶と結晶面のそろった単結晶が成長する。

　CZ法で作成したSi結晶は，るつぼの材料である石英から出てくる酸素が

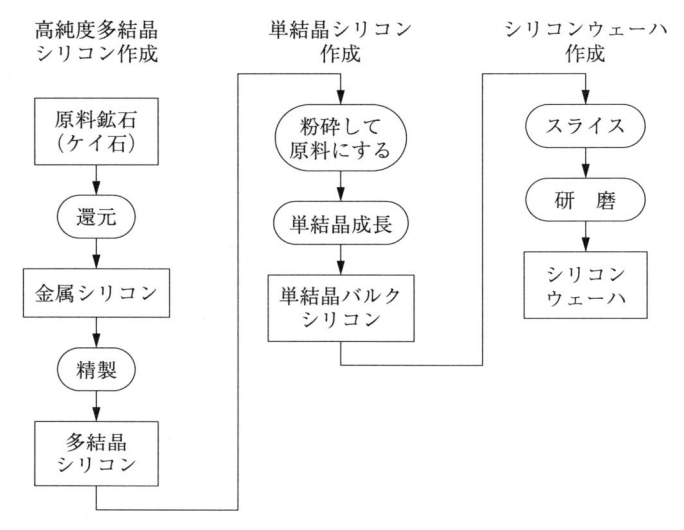

図 3.6 Si 単結晶ウェーハの製造工程

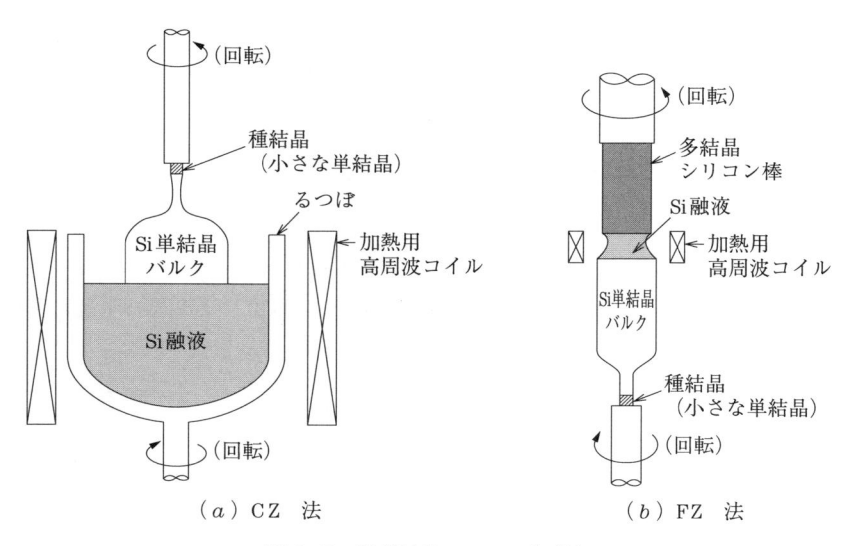

図 3.7 Si 単結晶バルクの作成法
(a) CZ 法
(b) FZ 法

結晶中に取り込まれるため，FZ 結晶に比べて 2 桁程度以上酸素濃度が高い。結晶中の酸素は，熱処理によって生成する複合物がドナーの性質を示して抵抗

率を変化させたり，さらに SiO_2 に変化して欠陥の原因になったりするなどの悪影響もあるが，熱処理を繰り返した場合のウェーハの反りを抑制する効果がある。このため，現在は，LSI 用の基板にはほとんど CZ 法によるシリコン結晶が使われている。

高品質の結晶を作りその電気的特性を精密に制御するためには，原材料の精製・高純度化が非常に重要である。

〔2〕 **化合物半導体単結晶の作成** 化合物半導体のバルク単結晶は，Si の場合の CZ 法とほぼ同様の引上げ法で作成される。しかし，Si とは異なり

・化学量論組成の制御が必要
・その化合物の融点付近，すなわち結晶成長温度での蒸気圧が高く蒸発しやすい元素が，原料として含まれる場合が多い
・原料に毒性が強い物質が含まれることが多い

などの条件のために，通常はシリコンより結晶成長が困難である。**図 3.8** に示すような **LEC**（liquid encapsulated Czochralsky）**法**は，化合物半導体の結晶引上げを行うために工夫されたものである。

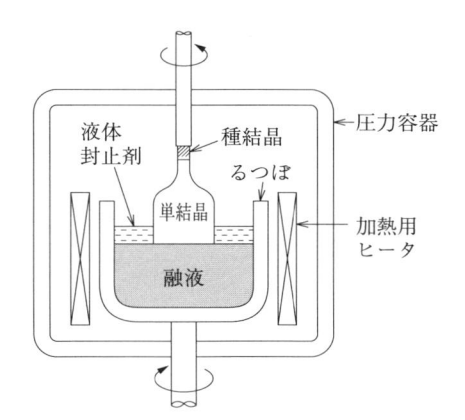

図 3.8 化合物半導体単結晶を作成するためのLEC法

この方法は，シリコンの場合と同様に原材料をるつぼの中で溶解し，種結晶に接触させて単結晶を引き上げるものであるが，原料融液の表面に B_2O_3 などの融液を液体カプセル材として浮かべたり，He などの不活性ガスで圧力を加

えたりして，AsやPなどの蒸気圧の高い物質の蒸発を防いでいる。化合物半導体の単結晶作成には，このほかに**水平ブリッジマン**（horizontal Bridgman, HB）**法**と呼ばれる方法も用いられる。

3.4.2 半導体薄膜

薄膜（thin film）とは，その厚さが厚いもので数十 μm から最も薄いものでは単原子層（0.3〜4 nm）程度の平たい板状の物質のことで，金属やセラミック材料の薄膜がさまざまな用途に応用されている。薄膜だけで自立させることは難しいので，通常は，基板と呼ばれる台に取り付けた形で利用される。半導体材料も厚さ 0.1〜数十 μm 程度の薄膜が電子デバイスなどの材料として利用される。

Si を材料とする集積回路では，基板に非常に結晶性の良い Si 単結晶バルクから切り出されたウェーハを用い，その上に必要な電気的特性をもつ薄膜 Si を堆積して活性層を作成する。また，化合物半導体では原料が高価であったり，大きなバルク結晶を作成することが困難であったりする場合が多いので，比較的価格の安い適切な基板材料の上に良好な薄膜を堆積させることが行われている。また，薄膜を用いたトランジスタは，液晶ディスプレイの駆動部などに利用され，小型・軽量で高性能な製品の実現に貢献している。

半導体薄膜の作成法は，金属やセラミック薄膜作成技術の多くが応用されているため，**表 3.1** に示すような数多くの方法がある。特に半導体薄膜では，物理的方法（PVD 法），および，化学的方法（CVD 法）などが主として用いられている。

PVD 法に分類される真空蒸着法やスパッタ法は，原材料として目的の物質と同じ固体の材料を用い，いったんそれを気化してから基板上に析出させて固体の薄膜を形成する方法である。一方，**CVD 法**は，作成しようとする薄膜の成分を含む化合物のガスを原材料として用いる。このガスを，熱やプラズマなどのエネルギーで分解・反応させて，基板上に薄膜を形成する。いずれの方法も，原材料の気化や分解・反応を起こさせるために，さまざまなエネルギー供

表 3.1 半導体薄膜作成法

気相法	PVD法	真空蒸着法	抵抗加熱蒸着法 電子ビーム加熱蒸着法
		スパッタ法	直流スパッタ法 高周波スパッタ法 マグネトロンスパッタ法 イオンビームスパッタ法
		分子線エピタキシ（MBE）法	
		レーザアブレーション法	
		イオンプレーティング法	
		イオン化クラスタビーム蒸着法	
	CVD法	熱CVD法	常圧CVD法 減圧CVD法 有機金属CVD（MOCVD）法
		光CVD法	
		プラズマCVD法	直流プラズマCVD法 高周波プラズマCVD法 マイクロ波プラズマCVD法
液相法	めっき法	電気めっき法 無電解めっき法	
	液相エピタキシー法		
その他	塗布，印刷法		
	プラズマ溶射法		
	ラングミュア・ブロジェット法（LB法）		

給する方法が開発されている．

3.5 半導体の応用

　本章のはじめにも述べたように，半導体は現代エレクトロニクスになくてはならない材料であり，非常に広範囲に使われている．特に，半導体のpn接合またはMOS構造を応用した能動素子は，p形とn形とを作り分けることができる半導体ならではの特徴を利用したものであり，キャリヤ（電子および正孔）の走行部を固体の中だけに限定することができるので，電子デバイスに応用する場合に，かつて多く使われていた電子管のように真空の領域を作る必要

がなく，構造的にも丈夫で非常に小型化することが可能になっている[†1]。

半導体デバイスは，はじめ，増幅作用が実現できることからトランジスタなどの能動素子が作られ，電子管と置き換えられていったが，さらに抵抗やキャパシタなどの受動素子も含めて回路機能全体を一枚の基板上に構成する集積回路（IC）が工夫されて，超小型の電子回路が作られるようになり，加速度的な技術開発により，ますますその集積度を高めて現在に至っている。

半導体のもう一つの応用は，外部刺激に敏感に反応する性質を利用した各種のセンサである[†2]。光が当たるとキャリヤが発生する内部光電効果を原理とする光導電セルやホトダイオード，ホトトランジスタなどは，半導体を応用したセンサの代表である。また，その逆の効果，すなわち半導体接合に電流を流すことで光子が放出されることを利用して発光ダイオードやレーザが作られている。そのほか，圧力センサや磁気センサなどにも応用されている。

演 習 問 題

【1】 Si 半導体の伝導帯および価電子帯の有効状態密度を求めよ。ただし，$T = 300$ K，伝導電子の有効質量は $m_e^* = 0.33\,m$，正孔の有効質量は $m_h^* = 0.47\,m$ とする。

【2】 ホウ素（B）がドープされた Si 半導体について，以下の問に答えよ。
　　（1） この半導体の伝導形は p，n どちらか。
　　（2） この半導体材料中の B の密度が $1 \times 10^{22}\,\mathrm{m}^{-3}$ であるとき，多数キャリヤ密度および少数キャリヤ密度は，それぞれいくらか。ただし，温度は 300 K，Si の真性キャリヤ密度は $n_i = 1.5 \times 10^{16}\,\mathrm{m}^{-3}$ とする。
　　（3） この半導体のある部分の伝導形を，現在とは反対にしたい。どうすればよいか。

【3】 真性半導体において，キャリヤ密度と温度との関係を測定した。この結果から，禁制帯幅の値を求める方法を説明せよ。

[†1] これらの詳細については「電子デバイス」「LSI 工学」「半導体工学」などに関連する非常に多くの書物が出版されているので，それらを参照されたい。

[†2] センサについても，多くの専門書や解説書がある。センサは，専門の変換回路や増幅回路を必要とする場合も多く，これらとともに集積化した IC も作成されている。

4

誘 電 体 材 料

4.1 誘電体の電気的性質

誘電物質(dielectric material)は,広い意味では導電性物質(半導体を含む)を除くすべての物質を指す。したがって,あまり電流を流さない**電気絶縁物質**はすべて誘電物質といえる。

実用材料として使われる誘電体は,電荷をためるキャパシタや,応力の印加で表面に電荷が現れたり,電界を与えると寸法が伸び縮みしたりする圧電性を利用したセンサやアクチュエータなどさまざまに応用され,さらに広い応用が検討されている。

誘電体の電気的特性は,誘電性と電気絶縁性とに分けられ,**図 *4.1*** に示すように,それぞれ,誘電分極,誘電損および電気伝導,絶縁破壊の性質によって特徴づけられる。

```
                誘電体の電気的性質
          ┌───────────┴───────────┐
        誘電性                  電気絶縁性
    ($\varepsilon^* = \varepsilon' - i\varepsilon''$)
    ┌─────┴─────┐          ┌─────┴─────┐
  誘電分極    誘電損        電気伝導      絶縁破壊
 (誘電率 $\varepsilon'$)  (誘電率 $\varepsilon''$  (電気抵抗率 $\rho$)  (破壊電界 $E_b$)
              誘電正接 $\tan\delta$)
```

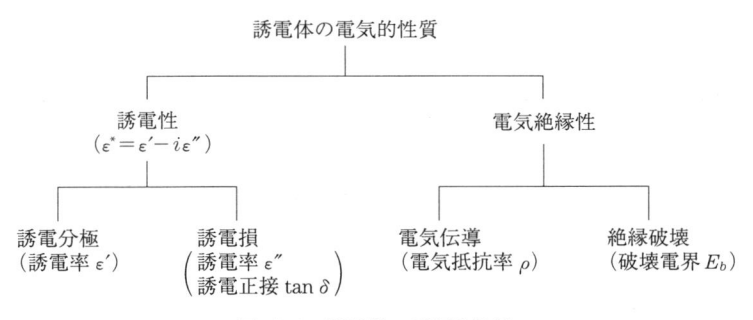

図 *4.1* 誘電体の電気的特性

4.1.1 誘電分極

物質の中には，陽子（原子核）や電子，イオンなど，多くの電荷をもつ要素が存在する。これらの電荷は平衡状態では正の電荷と負の電荷がたがいに打ち消し合うような配置になるために，外部からは電気的な偏りは観察されない。しかし，物質を電界中に置くと，物質を構成する要素のうち正電荷をもつ原子核や陽イオン，負電荷をもつ電子や陰イオンは元の位置からわずかに変位して止まる。変位がわずかなのは，通常は外部から印加される電界に比べて原子間の結合力のほうがはるかに強いからである。このような微小な変位により，物質内に多数の微小な電気双極子が発生する。

電気双極子は電界に対して同じ方向に並ぶので，物質の内部では正（プラス）の電荷と負（マイナス）の電荷がつり合う形になるが，**図4.2**に示すようにプラス側の電極表面とマイナス側の電極表面とに，それぞれ負の電荷，および正の電荷（**分極電荷**）が現れる。

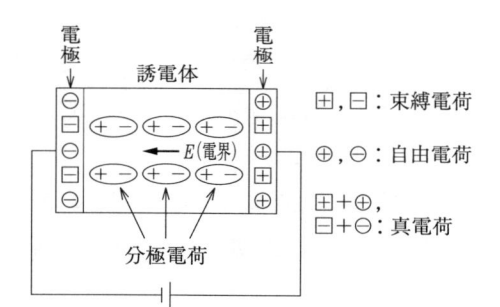

図4.2 誘電分極の様子

この現象が**誘電分極**（dielectric polarization）であり，誘電分極の単位は**双極子モーメント**（dipole moment）と呼ばれる。この分極電荷を打ち消すため，電極へはそれと同量で逆極性の電荷（**束縛電荷**）が電源から供給される。電源からは分極電荷によらない電荷（**自由電荷**）も供給されるので，電極間には束縛電荷と自由電荷の和（**真電荷**）が存在することになり，電極間に誘電体がない場合に比べ，より多く電荷がたくわえられる。分極電荷の量は誘電体の材料により異なるが，物性定数としては比誘電率 ε_r が用いられる。この定数

4.1 誘電体の電気的性質

は真空中に比べ ε_r 倍の電荷をたくわえられることを示している。

分極 P は，その原因となる原子や分子の数を数を N，分極率を α，印加電界を E とすれば，一般に

$$P = N\alpha E = N\mu \tag{4.1}$$

と表すことができる。ここで，$\mu(=\alpha E)$ は双極子モーメントである。

誘電分極（電気分極ともいう）には，外部電界が存在するときだけ現れる誘起電気分極と，外部電界がなくても存在する自発分極とがある。自発分極をもち得る物質を強誘電体，誘起電気分極しかもたない物質を，常誘電体または単に誘電体と呼ぶ。

強誘電体では，外部電界とは関係なく，その物質中の正負のイオンの中心がずれて起きる分極（**自発分極**）が生じており，これを**永久双極子**と呼ぶ。この自発分極も外部からの電界の印加により変化するため，誘電分極の原因となる。

誘電分極は，原理的にはどんな物質でも起こることであるが，導体や半導体中では電流が流れるために観察されないので，通常は誘電体の特徴を示す性質として取り扱われ，それぞれの分極の原因となる要素から，電子分極，イオン分極および双極子分極と呼ばれる。

〔**1**〕 **電 子 分 極**　　中性の原子は原子核中の正電荷と電子雲中の負電荷の中心が重なっていると見なすことができるが，外部電界が印加されると，図 **4.3** に示すように電子雲の中心が相対的に変位して双極子モーメントを生じ

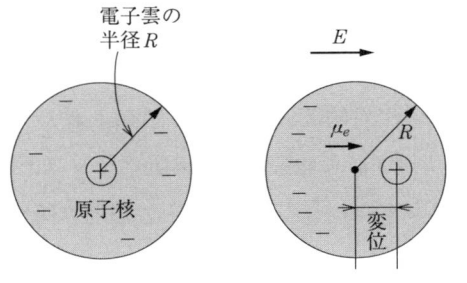

　　　　(a) 電界がないとき　　(b) 電界 E が加わったとき

図 4.3　電子分極の様子

る。これを**電子分極**（electronic polarization）と呼ぶ。

このとき，変位した電子雲の中心（負の電荷）と原子核の中心（正の電荷）との間に働くクーロン引力と，電界が電荷に及ぼす力とのつり合いから，電子分極の分極率 α_e は

$$\alpha_e = 4\pi\varepsilon_0 R^3 = \frac{\mu_e}{E} \tag{4.2}$$

と表すことができる。ここで，R は電子雲の半径で，双極子モーメント μ_e の方向は電界の方向と同じである。

〔2〕 **イオン分極**　　正負のイオンをもつイオン結晶の場合，このイオンが原因となる分極が起こる。この場合にも，外部からの印加電界が存在しなければ，正と負のイオンがそれぞれつり合うような位置にあるために，分極は観察されない。ここに，局所電界が印加されると，イオンはそれぞれのもつ極性によってたがいに逆方向に変位するので，**図4.4**のように双極子モーメント μ_i が生じる。

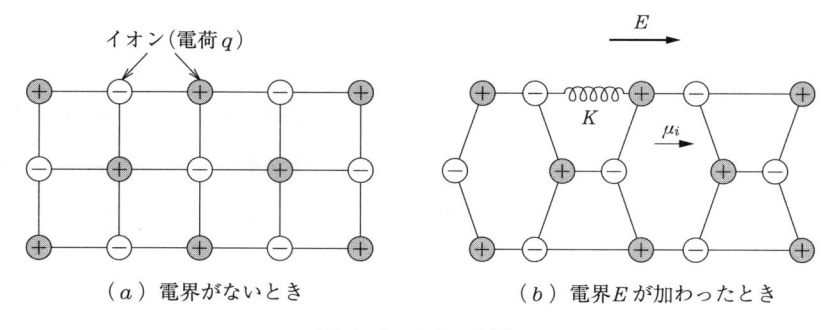

図4.4 イオン分極

このように，イオンの相対的変位によって誘起された分極を**イオン分極**（ionic polarization）と呼ぶ。この場合は，電荷 q をもつ正負のイオンがばね定数 K のばねで結ばれたものと考えて，イオン分極の分極率 α_i は

$$\alpha_i = \frac{q^2}{K} = \frac{\mu_i}{E} \tag{4.3}$$

と表すことができる。

電子分極とイオン分極は電子および原子の相対位置が変位して生じる分極のため，これらの分極を変位分極と呼ぶ。

〔3〕 **双極子分極（配向分極）**　永久双極子をもつ物質でも，外部から電界が印加されていない場合には，多数の永久双極子が熱運動によりたがいにばらばらな方向を向いているため，それらの合成ベクトルは0となり分極は観察されない。外部電界が印加されると，双極子が電界の向きに配向するように動くため，分極が現れる。この**双極子分極**（dipole polarization）の様子を図**4.5**に示す。

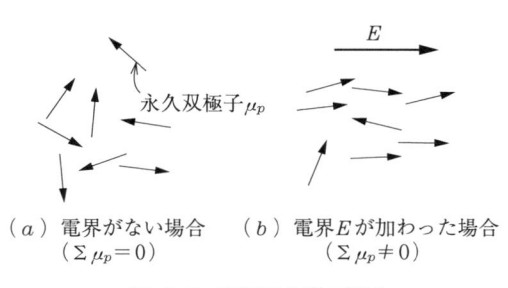

（a）電界がない場合　　（b）電界Eが加わった場合
　　　($\Sigma \mu_p = 0$)　　　　　　($\Sigma \mu_p \neq 0$)

図**4.5**　双極子分極の様子

双極子分極率 α_p は，個々の極性分子のもつ永久双極子モーメントを μ_p とすれば

$$\alpha_p = \frac{\mu_p{}^2}{3K_B T} = \frac{\mu \langle \cos\theta \rangle}{E} \tag{4.4}$$

と表すことができる。ここで，K_B はボルツマン定数，T は絶対温度，また，

コーヒーブレイク

身の回りの分極

日焼けは日光中の紫外線エネルギーが皮膚表面付近の原子における電子分極により吸収されることに関係している。また，火を温かいと感じるのは火より放出される赤外線エネルギーが皮膚表面付近の原子における原子分極により吸収されることに関係している。さらに，電子レンジで食品が温まるのは，マイクロ波エネルギーが食物中の水分子における双極子分極により吸収されることに関係している。

$\mu \langle \cos \theta \rangle$ は双極子モーメントの電界方向成分の平均値である。この式からわかるように,双極子分極の分極率は温度に逆比例して変化する。

誘電体中で誘電分極が発生すると,それに伴って内部に電界が生じるので,誘電体内の電界は外部から印加された電界とは異なったものになる。この内部に生じた電界により,さらに誘電分極が誘起されるので,けっきょく誘電分極と内部電界がつり合うところで平衡となる。ここで,誘電体中の内部電界を E,分極すなわち単位体積当りの双極子モーメントを P(式 (4.1) 参照)とすると,誘電体内の電束密度 D は

$$D = \varepsilon_0 E + P \tag{4.5}$$

と表される。誘電体の比誘電率を ε_r とすれば

$$D = \varepsilon_r \varepsilon_0 E \tag{4.6}$$

であるので,これらの式から

$$P = \varepsilon_0(\varepsilon_r - 1)E = \chi_e E \tag{4.7}$$

が導かれる。この式の右辺の χ_e を**電気感受率**という。

4.1.2 誘電分散

ここまでの説明は,静電界(直流電界)が印加された場合についてであったが,以下では交流電界が印加されたときの分極を考える。

誘電体内の双極子は,周期的に電界が変化する交流電界の向きに配向しようとしてその向きを変える。交流電界が印加されているとき,この電界によって生じる分極 P も同じ周期で変化すると考えられるが,分極の変化は電界が変化した瞬間に起こるわけではなく,ある程度の時間遅れを伴う。電界 E の変化に対して,誘電体内部の電束密度 D が δ なる位相角だけ遅れて変化する場合を考えると

$$E = E_0 \exp(i\omega t) \tag{4.8}$$

である電界の変化に対して,電束密度の変化は

$$D = D_0 \exp[i(\omega t - \delta)] \tag{4.9}$$

と表すことができる。ここで,i は虚数単位,ω は角周波数,E_0,D_0 はそれ

それ電界および電束密度の振幅である。誘電率 ε は，式 (4.6) から $\varepsilon = D/E$ と書けるので，式 (4.8)，(4.9) より複素数表示の**複素誘電率** ε^* の実数部と虚数部をそれぞれ誘電率 ε' および誘電損率 ε'' とすれば

$$\varepsilon^* = \varepsilon' - i\varepsilon'' = \frac{D}{E} = \frac{D_0}{E_0}\exp(-i\delta) = \frac{D_0}{E_0}\cos\delta - i\frac{D_0}{E_0}\sin\delta$$
(4.10)

となる。

　誘電体内の双極子の動きには慣性があるため，印加電界の周波数が高くなると分極の種類によってはその変化が追随できなくなり，分極が認められなくなってくる。このため，誘電率が周波数によって変化する**誘電分散**の現象が現れる。**図 4.6** は，すでに説明した 3 種類の分極がすべて生じている誘電体において，複素誘電率が印加電界の角周波数に依存して変化する様子を摸式的に示したものである。

　図 (a) からわかるように，誘電率は周波数が高くなるにつれて低下する傾向を示す。これは，双極子分極はたかだかマイクロ波領域程度の周波数までし

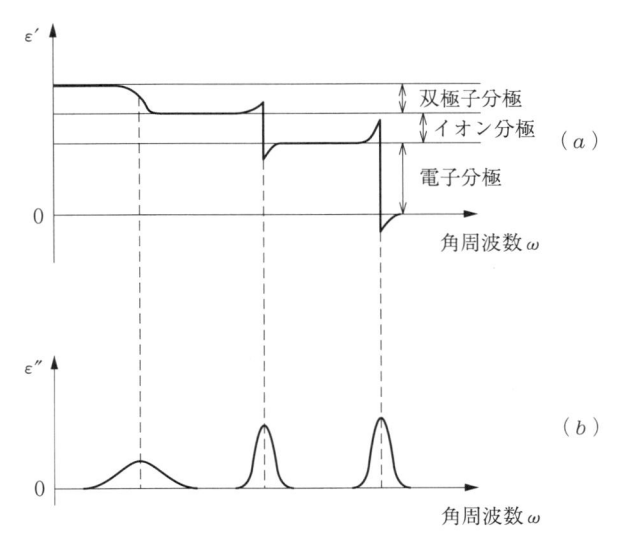

図 4.6　誘 電 分 散

か追随できず，また，イオン分極も赤外線領域程度の周波数までで誘電率に寄与しなくなるためである。さらに紫外線領域程度の周波数になると電子分極も寄与できなくなって，誘電率はいっそう小さくなる。

4.1.3 誘 電 損

前項で述べたように，誘電体内の電気双極子が，印加された交流電界の変化に応じて変化するとき遅れが生じることがあり，誘電分散の現象が現れるが，この遅れ分の双極子の運動はエネルギーの損失になる。つまり，双極子が交流電界から受け取ったエネルギーが，分極に伴う運動により熱エネルギーとして消費されてしまうことになる。

誘電損（dielectric loss）は，誘電体によるエネルギー損失の大きさを直接表す量であり，誘電率を式（4.10）のように複素数で表したときの虚部 ε'' で表され，図 **4.6**（b）に示したように，誘電率の実部を表すカーブで分散が起こっている周波数領域で大きな値を示す。複素誘電率の実部と虚部との比を

$$\tan \delta = \frac{\varepsilon''}{\varepsilon'} \tag{4.11}$$

とおいて**誘電正接**と呼ぶ。これは，誘電損の程度を表す指標として使われ，$\tan \delta$ の値が小さいほど，誘電損の少ない材料であるといえる。

4.1.4 強 誘 電 体

強誘電体（ferroelectric substance）とは，すでに述べたように自発分極をもつ誘電体であるが，もう少し詳しくいうと外部からの印加電界に対応して自発分極が反転または再整列する物質のことであり，**ペロブスカイト構造**という結晶構造をもつチタン酸バリウム（$BaTiO_3$）などが代表的な材料である。

強誘電体に印加する電界を変化させたときの分極の変化を図 **4.7** に示す。作成したばかりの材料でも自発分極は存在するが，分布がばらばらであるため全体としては分極は観察されない。この材料に電界を印加してその大きさを増加させていくと，図中の曲線 a → b → c → d のように分極が変化してやがて

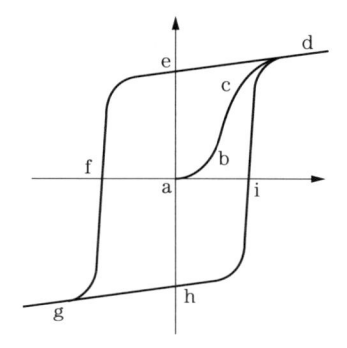

図 4.7　強誘電体の履歴曲線

飽和する。これは，ばらばらであった自発分極が電界によって電界の方向にそろっていくことを示している。つぎに電界を減少させると，分極は元の経路をたどらないで変化し，印加電界を 0 にしても大きさ P_0 の分極（図中の点 e）が観察される。このことから，強誘電体にいったんある程度以上の大きさの電界を印加すると，その電界を取り去っても方向のそろった自発分極が存在するようになることがわかる。これを残留分極という。

さらに逆方向の電界を加えていくと分極は減少し，$E = E_c$ の点（図中の点 f）で分極が 0 となる。この時の電界 E_c を抗電界と呼ぶ。抗電界は，電界を印加しなくても存在する残留分極を再びばらばらにするために必要な電界である。さらに電界を高めていくと，はじめとは逆方向に分極が現れて飽和に至る（点 g）。この逆方向の電界の大きさを減少させていった場合にも残留分極が観察され（点 h），この分極を 0 にするためには，図の x 軸で正の方向の抗電界（点 i）を印加する必要がある。このように，強誘電体における電界と分極との関係を表す図の曲線を，**履歴曲線**（ヒステリシスカーブ）と呼ぶ。

強誘電体はある温度以上では結晶構造が変化して強誘電性が失われてしまう。これは，温度の上昇に伴う熱じょう乱により結晶の規則性が乱されて，自発分極が消失してしまうためである。この温度はキュリー温度と呼ばれ，物質により異なる。

4.1.5 絶縁破壊

絶縁体のエネルギーギャップはおおむね 3.5 eV 以上であるため，通常は電流が流れない絶縁物であるが，詳しく見るとわずかながらも種々のキャリヤが存在するため微弱な電流が流れる。図 4.8 にこの電流の電界変化を示す。

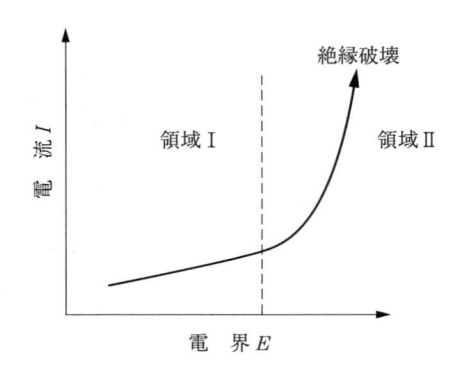

図 4.8 絶縁体に加わる電界と流れる電流の関係

ある電圧までは，加えた電圧に比例したオームの法則に従う電流が流れる（領域Ⅰ）。さらに電圧が上昇すると絶縁体に加わる電界が非常に高くなると，大きな電流が流れるようになり，ついには電気**絶縁破壊**に至る（領域Ⅱ）。このとき絶縁体に大きな電気エネルギーが注入されるために構造の破壊が生じ，印加電界を取り去っても絶縁性が回復しなくなる。

固体の絶縁破壊機構には電子的破壊などの短時間破壊と部分放電劣化などによる長時間破壊があり，短時間破壊は一般に長時間破壊の基礎過程となることが多い。また，実用材料においては誘電体セラミックス内に吸蔵されているガスや，材料表面の汚れなども絶縁破壊の原因になり得るため，実際に使用する

コーヒーブレイク

名前の変化に注意！

図 4.1 に示したように誘電体の電気的特性は，誘電性と電気絶縁性とに分けられる。電気分極などの電気を蓄える性質（誘電性）に注目した場合は"誘電体"と呼ばれ，絶縁破壊（電気絶縁性）などに注目した場合は"絶縁体"と呼ばれる。このように同一の材料でも注目する働きが異なると材料の呼び方が変わる。

場合に注意が必要である.

〔1〕 **短時間破壊** 短時間破壊は電子的破壊,純熱破壊および電気機械破壊の3種類に大きく分けられる.電子的破壊は,絶縁体内の電子が破壊を支配すると考えたもので,電子なだれ現象などによりキャリヤが増大して大きな電流が流れ絶縁破壊に至るという考え方である.純熱破壊は電界から絶縁体へ注入されるエネルギーにより絶縁体中の温度が上昇し,臨界温度に達して絶縁破壊が発生するという考え方である.電気機械破壊は電界による機械的応力と絶縁体の機械的応力との平衡・不平衡から絶縁破壊が生じるという考え方である.

〔2〕 **長時間破壊** 長時間破壊には部分放電劣化やトリーイング劣化などがある.部分放電劣化は絶縁体内に存在する空隙(ボイド)内で交流電圧の印加により部分放電が継続的に発生し,それが数箇所に集中することにより劣化が進行するという考え方である.トリーイング劣化は,誘電体内に存在する金属異物などに電界が集中して部分放電することにより,固体が分解,気化して部分的な樹枝状の痕跡が発生し劣化が進行するという考え方である.このような長時間劣化が進行すると,絶縁体の絶縁耐力は徐々に低下し,限界に達したところで絶縁破壊が発生する.

4.2 誘電体の応用

4.2.1 キャパシタ用誘電体

強誘電体のおもな利用法の一つにキャパシタ用材料がある.**キャパシタ**は電荷を蓄積する素子であり,原理的な構造は何らかの誘電体を電極で挟んだものである.この用途に使われる誘電体材料には,通常の個別回路部品としてのキャパシタ用と,LSI(主としてメモリ)用のMOSキャパシタ構成用材料とがある.

〔1〕 **個別キャパシタ用誘電体** 図 *4.9* のような構造のキャパシタにたまる電荷量 Q は,電極面積を S,電極間隔を d,誘電体の比誘電率を ε_r,印加電圧を V とすると

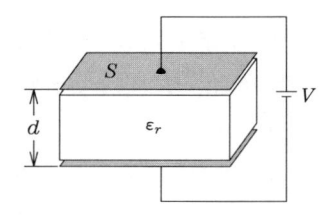

図 4.9 キャパシタの模式的構造

$$\frac{Q}{S} = \varepsilon_r \varepsilon_0 \frac{V}{d} \tag{4.12}$$

で与えられるので，静電容量 C は

$$Q = CV \tag{4.13}$$

の関係から

$$C = \frac{Q}{V} = \varepsilon_r \varepsilon_0 \frac{S}{d} \tag{4.14}$$

となる．つまり，静電容量は電極間に挟まれる誘電体の誘電率と電極の面積とに比例し，電極の間隔（誘電体の厚さ）に反比例するので，小型のキャパシタを作るためには，誘電率の大きな材料を選定し薄くフィルム状に加工して使用する．

現在市販されているキャパシタ（慣用的にコンデンサと呼ばれる）には，酸化アルミニウム（Al_2O_3），酸化タンタル（Ti_2O_5），ポリエステルなどのフィルム，雲母，酸化チタン（TiO_2），チタン酸バリウム（$BaTiO_3$）などが誘電体として使われており，その材料の種類から，セラミックコンデンサ，タンタルコンデンサ，マイラコンデンサなどと呼ばれている．

〔2〕 **ULSI用誘電体薄膜**　超LSI（ULSI）の開発においては，従来のLSI以上に低電圧かつ小面積で有効に働く高誘電率の薄膜が要求されている．従来はLSI用の半導体材料であるシリコン（Si）を酸化した二酸化シリコン（SiO_2）薄膜が利用されていたが，ULSIではもはやこの性能要求を満たすことはできなくなってきており，それに代わる薄膜誘電体材料として，**表 4.1**に示す各種材料をはじめ種々の薄膜誘電体材料の開発研究が進められている．

ULSIでは非常に高い集積度を達成するために，従来のLSIに比べて一つの

表 4.1 ULSI 用誘電体材料の比誘電率

物質名	SiO_2	Si_3N_4	Ta_2O_5	ZrO_2	CeO_2
比誘電率	〜5	〜8	〜25	〜18	〜26

素子当りの面積を 1/10 以下に小さくする必要が出てきた．ここで，従来の素子と同様の構造で同程度の静電容量を確保するためには，式 (4.14) からわかるように，誘電体の膜厚を 1/10 程度にしなければならないが，誘電体の膜厚を極端に薄くした場合には，絶縁性の維持が難しくなったり，誘電特性そのものが変わったりするために，従来使用されてきた SiO_2 膜を誘電体とするキャパシタでは実現が困難である．

SiO_2 の比誘電率は表に示すように 5 程度であるので，これより比誘電率が大きい材料をキャパシタの誘電体として用いれば，より厚い誘電体膜でも必要な静電容量が確保できることになり，絶縁性低下の問題も起きにくくなる．例えば，比誘電率が 25 程度である Ta_2O_5 を誘電体として用いれば，SiO_2 の場合に比べて約 5 倍の膜厚でも同程度の静電容量のキャパシタが構成できることになる．

4.2.2 圧 電 体

誘電分極は物質内の原子，分子を構成する正または負電荷が電界によって相対位置のずれを生じる結果形成されることはすでに述べた．材料や生成法によっては電界のみならず，圧力や熱によって形成された分極が変化するものがある．圧力により分極が変化する物質を圧電体，熱により分極が変化する物質を焦電体と呼ぶ．

誘電体に応力を印加すると表面に電荷が生じ，逆に，電界を印加すると機械的なひずみが生じる現象を，**圧電効果**という[†]．**圧電体**は，誘電体の中で圧電効果が特に著しく現れる材料のことをいい，**表 4.2** に示すように超音波振動子や各種アクチュエータなど幅広い分野で利用されている．

[†] 後者については，逆圧電効果と呼ぶこともある．

表 4.2 圧電体材料の応用

材料名	現象	用途
PZT（焼結体）	振動による高電圧発生 共振 電界による振動・変位	圧電着火素子 高周波フィルタ アクチュエータ（プリンタ用インクノズル，超音波モータ）
$LiNbO_3$（単結晶）	表面弾性波	高周波フィルタ，遅延回路
PVDF	音波の発生	スピーカ，超音波診断機器
水晶（SiO_2）	超音波の発生	時計用発振子

水晶（SiO_2）は，時計用などの振動子としてよく知られている圧電体であるが，現在最も多く使用されている圧電体は，ジルコン酸鉛（$PbZrO_3$）とチタン酸鉛（$PbTiO_3$）を1:1に混合し，焼成して作られるPZTと呼ばれるセラミック材料である。PZTは医療機器用などの超音波振動子，ガスレンジ点火用などの高電圧発生素子，プリンタ用などのアクチュエータに応用されている。ニオブ酸リチウム（$LiNbO_3$）などの結晶も圧電性を示し，高周波フィルタなどの表面弾性波素子に用いられている。また，フィルム状に成形できるPVDFが大きな圧電性を示すことが発見され，オーディオ用のスピーカや医療用超音波診断機器などに応用されて注目されている。

電界を印加したときに誘電体がひずむ原因には，圧電効果のほかに**電歪効果**がある。圧電効果によるひずみは印加電圧に対してほぼ直線的に変化するが，電圧を増加させていくときと減少させていくときとで値が異なる，いわゆる履歴曲線（ヒステリシスカーブ）を描く点が問題になる。また，ある限界以上の電圧が印加されると急に不連続な変化の挙動を示すことがある。

これに対して，電歪効果によるひずみは，印加電圧の2乗に比例するため直線的変化ではないが，電界に対して再現性よく変化することが特徴である。したがって，精密な位置制御を目的とするアクチュエータなどには電歪効果を示す圧電素子が用いられる。このアクチュエータを応用した走査型プローブ顕微鏡（**9**章のコーヒーブレイク参照）により，従来実現が困難であった，原子の大きさまでの微細な物質構造の観察が可能になっている。大きな電歪を示す材料としては，鉛（Pb），マグネシウム（Mg），ニオブ（Nb），などの混酸化

物である PMN などがある。

4.2.3 焦電体

強誘電体は，自発分極をもっていても通常は図 4.10 (a) のように表面に空気中のイオンが付着していることなどにより，表面には電荷は現れていない。しかし，温度が急激に変化すると温度の関数である自発分極の大きさが変化して中性が保てなくなり，図 (b)，(c) に示すように表面に電荷が現れる。これを**焦電性**と呼ぶ。一部の強誘電体は，この焦電性が強く現れ，温度変化に敏感に応答して電荷量が変化するので**焦電体**と呼ばれる。

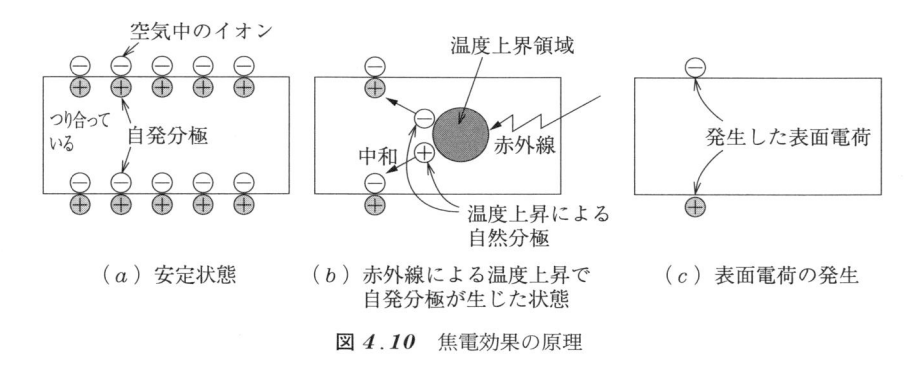

(a) 安定状態　　(b) 赤外線による温度上昇で自発分極が生じた状態　　(c) 表面電荷の発生

図 4.10　焦電効果の原理

焦電体として使われる材料には，前述の圧電体材料である PZT や，タンタル酸リチウム（$LiTaO_3$）がある。これらの焦電体を用いて電荷量の変化を電圧の変化として読み取ることにより，人体から放出される赤外線による微妙な温度変化を捉えるセンサが作られており，人の出入りに応じてスイッチを入切しなくても点消灯する自動照明や自動ドアなどに応用されている。

演 習 問 題

【1】　誘電体の分極の種類を挙げ，それらについて説明せよ。

【2】　誘電分散について，説明せよ。

【3】　強誘電体の履歴曲線（ヒステリシスカーブ）について，説明せよ。

5

磁 性 材 料

5.1 磁 性 の 根 源

　磁性体は電気・電子材料の中で最も古くより利用されており，現代ではその用途は多岐にわたり，電気・電子産業界における中心的な材料の一つになっている。磁石には鉄やコバルトなどを引き付ける性質があり，この性質を**磁性**(magnetism) と呼ぶ。また，磁石でない物質も磁界の中に置くと磁性を示すようになり，これを磁化されたという。さて，このような磁性の原因はどこにあるのであろうか。

　図 5.1 に示すように，一様な磁界 H の中に長方形コイル（辺の長さ a, b) を置き，これに電流 i を流すとこの電流は磁界から力を受け，その結果長方形コイル全体は偶力を受ける。このときの偶力のモーメント N は

$$N = \mu_0 Hiab \cos \theta \tag{5.1}$$

となる。ここで，θ は辺 PS と辺 QR が磁界となす角度である。また，コイルの辺で囲まれた面積は $S = ab$ と与えられるので

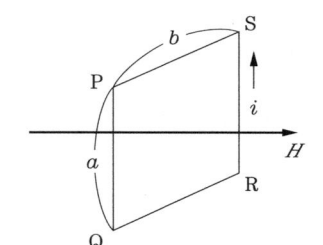

図 5.1 長方形コイルを流れる電流と磁界

$$N = \mu_0 HiS \cos\theta \tag{5.2}$$

となる。さらに，式 (5.2) において

$$p_m = \mu_0 iS \tag{5.3}$$

とおくと，この p_m は長方形コイルに固有な物理量となり，これをコイルの**磁気モーメント**（magnetic moment）と呼ぶ。したがって，式 (5.2) はつぎのようにまとめられる。

$$N = p_m H \cos\theta \tag{5.4}$$

つまり，長方形コイルを流れる電流が磁界から受ける影響は，磁界の強さはもちろんのこと，コイル自身の磁気モーメントにも左右されることになる。また，式 (5.4) はコイルの形が長方形でなくても成り立つ。

一般にコイルを流れる電流（閉じた電流）は図 **5.2** に示すように一つの棒磁石と等価に扱うことができ，これから議論する磁石が示す磁性および磁界内でのさまざまな磁気的現象の根源は電流にあるといえる。また，電気的な現象における基本的な物理量が電荷であるのと同様に，磁気モーメントを磁気的な現象における基本的な物理量として扱うことができる。

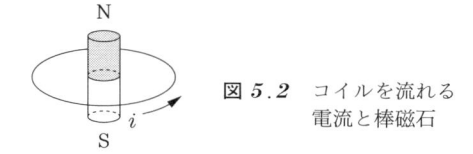

図 **5.2** コイルを流れる電流と棒磁石

5.2 原子の磁気モーメント

物質は多くの原子から構成され，各原子内において電子が負の電荷をもって原子核のまわりを回転運動している。この電子の運動は円形コイルを流れる電流と同じに扱える。

いま，図 **5.3** に示すように，電子（電荷 $-e$）が軌道半径 r の円周上を速さ v で運動しているものとすると，この電子の円運動による電流の大きさ i は

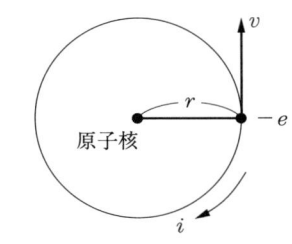

5. 磁性材料

図 5.3 電子の円運動と円形電流

$$i = \frac{ev}{2\pi r} \tag{5.5}$$

と与えられる。電子が描く円の面積は $S = \pi r^2$ であるので，式 (5.3) より電子の軌道運動による磁気モーメント p_L は

$$p_L = \mu_0 i S = \frac{\mu_0 e r v}{2} \tag{5.6}$$

となる。一方，電子の円運動における角運動量 L は電子の質量を m として

$$L = rmv \tag{5.7}$$

と与えられるので，式 (5.6) と式 (5.7) を一つにまとめて

$$p_L = \frac{\mu_0 e}{2m} L \tag{5.8}$$

が得られ，磁気モーメント p_L と角運動量 L は比例関係にあることがわかる。

しかし，式 (5.8) は大きさの関係を示しただけで，実際は図 5.4 に示すように p_L と L の向きはたがいに逆向きになっている。なお，電子の軌道運動による円形電流を棒磁石と等価に扱うものとすると，図 5.5 に示すように，S 極から N 極への向きが磁気モーメント p_L の向きとなる。

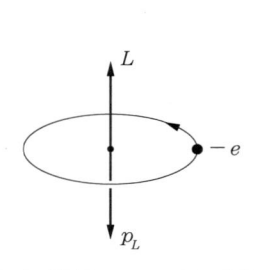

図 5.4 磁気モーメントと角運動量 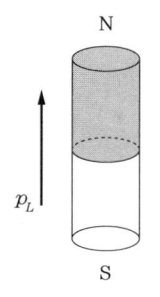　　**図 5.5** 棒磁石の磁気モーメント

5.2 原子の磁気モーメント

詳細は省くが，原子内での電子の軌道は限定されており，電子の角運動量 L はとびとびの値しかとれない。つまり，l を整数とすると L の値は

$$L = \frac{h}{2\pi} l \tag{5.9}$$

と与えられる。したがって，磁気モーメント p_L は

$$p_L = \frac{\mu_0 e h}{4\pi m} l \tag{5.10}$$

となり，p_L も整数値 l（方位量子数と呼ぶ）に依存した値をとる。ここで，$\mu_B = \mu_0 e h / 4\pi m$ とおいて，これを**ボーア磁子**と呼ぶ。ボーア磁子は磁気モーメントの最小単位として扱われ，その値は

$$\mu_B = 1.165 \times 10^{-29} \text{ Wb·m} \tag{5.11}$$

となる。

原子内の電子は軌道運動に加えて自転運動（スピン）も行っている。やはり詳細は省くが，この自転運動によっても磁気モーメントが生じ，その値 p_S は

$$p_S = 2\mu_B s \tag{5.12}$$

と与えられている。ここで，s はスピン量子数と呼ばれ，$\pm 1/2$ のいずれかの値をとる。また，式 (5.12) は p_S の大きさだけを与えており，向きについては**図 5.6** に示す。一般に，式 (5.10) と式 (5.12) は一つにまとめられて

$$p = g\mu_B J \tag{5.13}$$

と書かれる。ここで，g を **g 係数**と呼ぶ。軌道運動に対して $g = 1$，$J = l$（方位量子数），スピンに対して $g = 2$，$J = s$（スピン量子数）となる。この g 係数は実験で決定することができ，その値より磁性の要因が電子の軌道運動によるものなのかスピンによるものなのかを判定できる。

一つの原子の磁気モーメントは，以上に述べた軌道運動に基づく磁気モーメ

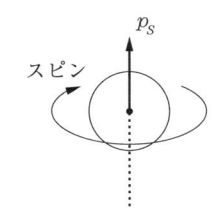

図 5.6 スピンの向きと磁気モーメント

ント p_L とスピンに基づく磁気モーメント p_S の総和で与えられる。さらに，物質全体の磁化の大きさはこれを構成する原子の各磁気モーメントの総和で与えられる。

5.3 物質の磁性の種類

身の回りの物質は磁性の観点から大きく二つに分けられる。つまり，鉄などのように磁石に引き付けられる物質と銅やアルミニウムなどのように磁石に引き付けられない物質である。一般に，前者を磁性物質，後者を非磁性物質と呼ぶことがある。しかし，後述するように非磁性物質も磁気的性質を示す要因をもっており，弱いながらも磁石の影響を受けているはずである。実際，温度を下げると強磁性を示すものもある。したがって，単に室温での現象だけで磁性の本質を議論することはできない。本質的な磁性の分類は磁気モーメントの有無およびその配列によってなされる。

5.3.1 常 磁 性

物質を構成する原子が磁気モーメントをもっていても，これらの磁気モーメントの間に相互作用がほとんどない場合に**常磁性**（paramagnetism）を示す。各原子は物質の温度に応じた熱振動を行っているが，このとき各原子の磁気モーメントはさまざまな向きをとることになる。したがって，外部磁界がないときにはこれらの磁気モーメントはたがいに打ち消し合うことになり，全体として磁化は 0 を示す。そして，外部磁界がかかると各磁気モーメントはこの磁界方向にそれぞれの向きをそろえようとして，その結果全体として磁化が生じる。

いま，単位体積内の原子の数を N，各原子の磁気モーメントを M とすると，外部磁界 H のもとでの物質の磁化 I は

$$I = NM\left(\frac{e^{\alpha} + e^{-\alpha}}{e^{\alpha} - e^{-\alpha}} - \frac{1}{\alpha}\right) \tag{5.14}$$

と与えられることが知られている。ここで，$\alpha = MH/kT$（k：ボルツマン定

数,T：物質の温度）である。通常,a は 1 に比べて十分に小さいので（$a \ll 1$），式 (5.14) は

$$I \fallingdotseq \frac{NM}{3}a = \frac{NM^2}{3kT}H \tag{5.15}$$

と近似できる。つまり，常磁性を示す物質の磁化 I は外部磁界 H に比例する。また，式 (5.15) において

$$\chi = \frac{NM^2}{3kT} \tag{5.16}$$

とおくと，χ（**磁化率**と呼ぶ）は T と反比例の関係にあり，この関係を**キュリーの法則**（Curries law）という。また，χ と T の関係を図示すると**図 5.7**のようになる。なお，物質の中には χ が温度に依存せず，ほぼ一定なものもある。このような常磁性を**パウリ常磁性**と呼ぶ。

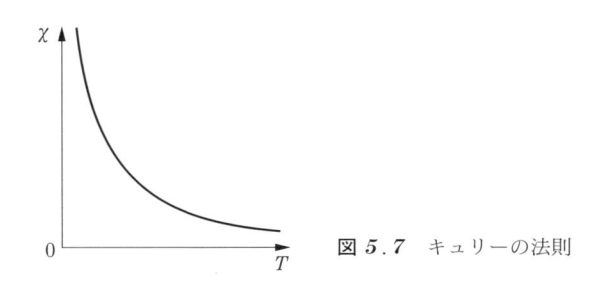

図 5.7 キュリーの法則

5.3.2 反 磁 性

先にも述べたように，電子の軌道運動は環状電流として扱うことができ，これによって磁気モーメントが生じる。外部磁界をかけると磁束の変化による誘導起電力および磁界からの力によって電子の軌道運動は変化を受け，その結果磁気モーメントにも影響を与えることになる。具体的には，磁気モーメントの変化が外部磁界と逆向きに起こる。いい換えると，磁界と逆向きに磁化を生じることになり，このような磁性を**反磁性**（diamagnetism）という。反磁性の磁化率は負となり，その値は 10^{-5} 程度で非常に小さいため，実用的価値はほとんどない。

5.3.3 強 磁 性

物質内の各原子が磁気モーメントをもち，これらの磁気モーメントの間に強い相互作用が働く場合に**強磁性**（ferromagnetism）を示す。この場合，外部磁界をかけなくても，磁気モーメント間の相互作用によってそれらの向きが平行にそろえられ，その結果物質内部に自然に磁化が生じる。この磁化を**自発磁化**（spontaneous magnetization）と呼ぶ。

強磁性体の磁化機構を明らかにしたのはワイスである。ワイスの理論において，各磁気モーメントをそろえるのは周囲の多くの磁気モーメントが作り出す内部磁界であると考えられた。これを**ワイス磁界**（分子磁界）と呼ぶ。物質全体の磁化を I とすると，ワイス磁界 H_m はこの I に比例していると考えられるので

$$H_m = wI \tag{5.17}$$

と与えられ，ここで，w を**ワイス定数**と呼ぶ。

いま，この物質に外部磁界 H が作用したとすると，物質内の各磁気モーメントは全磁界 $H + H_m$ のもとで配列させられることになる。単位体積内の原子の数を N，各原子の磁気モーメントを M とすると，物質全体の磁化 I は常磁性の場合と同様に考えて

$$I = NM\left(\frac{e^\alpha + e^{-\alpha}}{e^\alpha - e^{-\alpha}} - \frac{1}{\alpha}\right) \tag{5.18}$$

と与えられる。ここで

$$\alpha = \frac{M(H + H_m)}{kT} = \frac{M(H + wI)}{kT} \tag{5.19}$$

である。式 (5.18) は両辺に I を含むので，これを I について解き直すことによって具体的な I と H の関係が決まる。外部磁界が作用しない（$H = 0$）場合を考えると，式 (5.18) の I は自発磁化 I_s を与えることになる。

この I_s の温度依存性は図 **5.8** に示すように温度上昇に伴い減少し，$T = NM^2w/3k\,(= T_c)$ で $I_s = 0$ となる。この T_c を**キュリー温度**と呼び，この温度で原子の熱振動が磁気モーメント間の相互作用を相殺することになる。

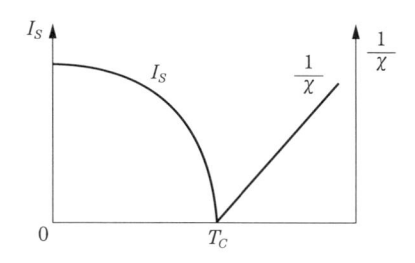

図 5.8 自発磁化と磁化率の温度変化

$T > T_c$ において物質は常磁性を示し，このときの磁化 I は

$$I = \frac{C}{T - T_c} H \tag{5.20}$$

と与えられる。ここで，$C = NM^2/3k$ である。したがって，磁化率 χ は

$$\chi = \frac{C}{T - T_c} \tag{5.21}$$

と与えられ，この関係を**キュリー・ワイスの法則**（Currie-Weiss law）という。

5.3.4 反強磁性とフェリ磁性

物質内で隣接する原子の磁気モーメントが，図 5.9 に示すようにたがいに逆向きに配列している場合に**反強磁性**を示す。この場合，物質全体の磁化は 0 となり自発磁化をもたない。一見常磁性のように振る舞うが，反平行の配列を引き起こす強い相互作用のために，かなり高温まで秩序配列を保っている。

また，反強磁性体の磁化率は図 5.10 に示すような温度変化をする。T_N 以

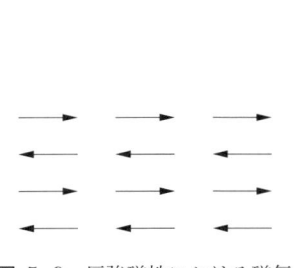

図 5.9 反強磁性における磁気モーメントの配列

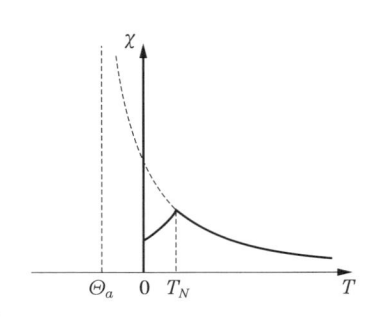

図 5.10 反強磁性体の磁化率

下の温度領域では，温度の増加に伴い秩序配列の乱れが大きくなるために磁化率も大きくなり，T_N で完全に秩序配列が消失して磁化率は最大となる。そして，T_N を越えると常磁性と同様な変化を示す。この転移温度 T_N をネール温度と呼ぶ。なお，$T > T_N$ での磁化率 χ の温度依存性は

$$\chi = \frac{C}{T - \Theta_a} \tag{5.22}$$

と与えられている。この式はキュリー・ワイスの法則と同じ形をしており，Θ_a は負の値をとる定数である。参考までに，代表的な反強磁性体の T_N と Θ_a の各値を**表 5.1** に示す。

表 5.1 代表的な反強磁性体の T_N と Θ_a

物　質	T_N〔K〕	Θ_a〔K〕
MnO	122	-610
MnF$_2$	72	-113
FeO	198	-570
FeS	593	-917
Cr$_2$O$_3$	307	-1070

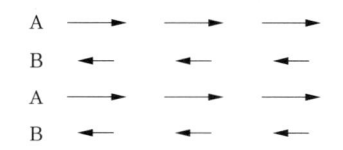

図 5.11 フェリ磁性における磁気モーメントの配列

図 5.11 に示すように，隣接する磁気モーメントがたがいに逆向きで大きさが異なる場合に**フェリ磁性** (ferrimagnetism) を示す。また，磁気モーメントの大きさが等しくても，位置 A と位置 B の数が等しくない場合にもフェリ磁性が出現する。フェリ磁性の場合は反強磁性と異なり，物質全体の磁化は 0 ではなく自発磁化をもち強磁性と似た挙動を示す。いま，位置 A と位置 B の磁気モーメントに基づく自発磁化をそれぞれ I_A および I_B とすると，物質全体の自発磁化 I_S は

$$I_S = |I_A - I_B| \tag{5.23}$$

と与えられる。したがって，I_A と I_B の大小関係，I_A と I_B それぞれの温度依存性の違いにより，I_S の温度依存性には**図 5.12** に示すようにいくつかのタイプがある。

フェリ磁性の場合も自発磁化が消失する温度をキュリー温度と呼ぶが，キュ

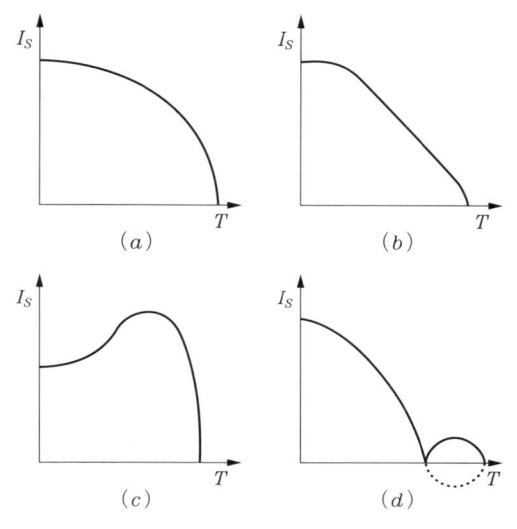

図 5.12　フェリ磁性における自発磁化
の温度変化

リー温度以上ではやはり常磁性を示し，磁化率 χ と温度 T の関係は

$$\frac{1}{\chi} = \frac{T}{C} + \frac{1}{\chi_0} - \frac{\sigma}{T - T_c} \tag{5.24}$$

と与えられている．ここで，C はキュリー定数，T_c はキュリー温度，χ_0 と σ はいずれも物質の種類によって決まる定数である．この関係をグラフで示すと**図 5.13**のようになる．$T \to \infty$ で式 (5.24) の第 3 項は 0 に近づくので，$1/\chi$ は傾きが $1/C$ で縦軸との切片が $1/\chi_0$ である漸近線に近づく．

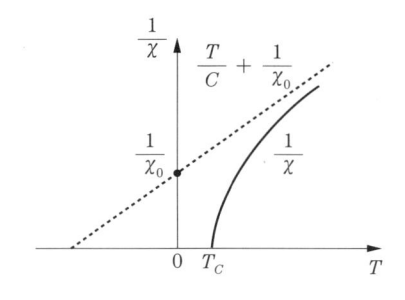

図 5.13　フェリ磁性体の
磁化率

5.4 強磁性体の磁化機構

5.4.1 磁化曲線

強磁性体に外部より磁界をかけると，図 5.14 に示す曲線に沿って磁化が変化する。磁化が 0 の状態（消磁状態と呼ぶ）を出発点として，外部磁界を 0 から増加させると a→b→c→d に沿って磁化が増加し，点 d（外部磁界 H_0）で飽和値（I_0）に達する。この I_0 を**飽和磁化**という。つぎに点 d より外部磁界を 0 まで減少させると，磁化は d→e に沿って変化し点 a（出発点）に戻らない。つまり，I_r だけ磁化が残ることになり，これを**残留磁化**という。さらに外部磁界を逆向き（負の向き）にかけ増加させると，磁化は e→f→g に沿って変化し，点 g で再び飽和する。磁化は点 f で 0 に戻るが，この点 f での外部磁界 $-H_c$ を保磁力と呼ぶ。点 g より外部磁界を正の向きに変化させると，磁化は g→h→d に沿って変化し再び点 d に戻る。a→b→c→d に沿った曲線を初期磁化曲線，また d→e→f→g→h→d に沿った閉曲線を**ヒステリシス曲線**（hysteresis loop）と呼ぶ。

強磁性体は図 5.15 に示すような**磁区**（magnetic domain）と呼ばれるた

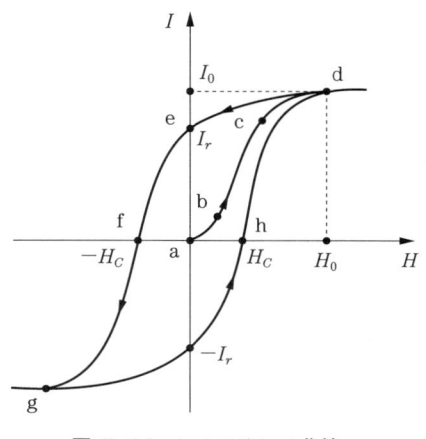

図 5.14 ヒステリシス曲線

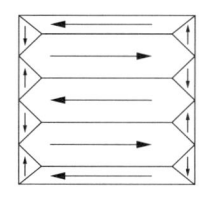

図 5.15 磁区構造の例

5.4 強磁性体の磁化機構

くさんの小さな領域の集合体として扱うことができる。一つひとつの磁区の内部では，各原子の磁気モーメントはすべて同一方向にそろっており，その結果磁区全体の磁化は飽和している。各磁区の磁化がばらばらな方向を向いているとき，強磁性体全体の磁化は0となる。

磁区と磁区の境界を**磁壁**と呼ぶが，外部磁界をかけると，この磁壁が移動することによって強磁性体全体は磁化をもつようになる。隣り合う磁区の向きが逆向きのとき，磁壁内部での各磁気モーメントの向きは図 **5.16** に示すように一方の磁区内の磁化の向きから他方の磁区内の向きへと連続して変化している。

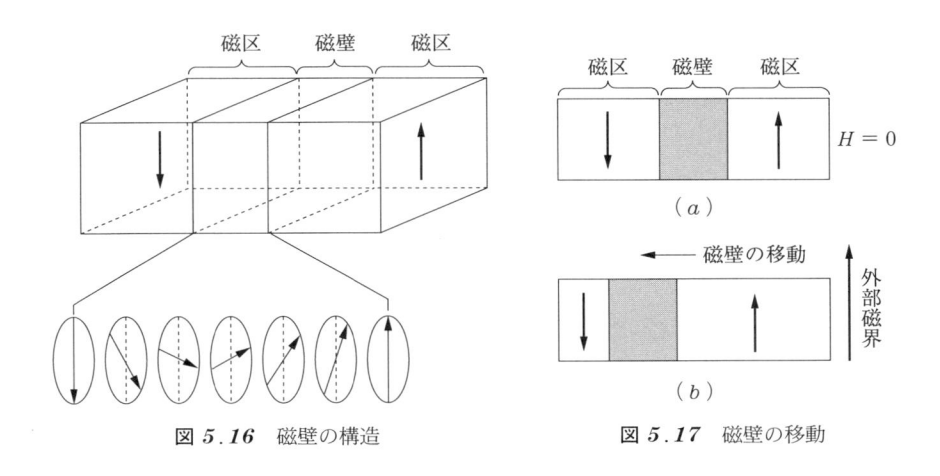

図 **5.16** 磁壁の構造

図 **5.17** 磁壁の移動

仮に強磁性体に外部磁界をかけたとすると，磁壁は図 **5.17**(a)の状態から左側へと移動し，外部磁界と同じ向きの磁化をもつ磁区の領域が増加する（図(b)）。強磁性体の磁化機構を議論するにあたり，磁壁移動のほかに磁区回転も考慮する必要がある。これは外部磁界をかけたとき一つの磁区内のすべての磁気モーメントが一度にその向きを磁界方向に変えることであり，結果的に磁区全体の磁化も磁界方向を向くことになる。なお，磁区回転に要するエネルギーは磁壁移動の場合よりかなり大きい。

図 **5.14** に示した磁化曲線において，a→bの領域では磁壁移動が可逆的に行われており，この段階で磁界を0に戻せば磁化も0に戻る。曲線のab間の

傾きを**初磁化率**と呼ぶ．つぎに，b→c の領域でも磁壁移動により磁化を増すが，この領域では物質内の不純物や格子欠陥などの影響を受けるため非可逆的である．したがって，磁界を取り除いても磁化は 0 に戻らない．最後に，c→d の領域では磁区回転により磁化が増加する．

なお，ここでの磁化曲線の説明において**図 5.14** のように縦軸を磁化 I としたが，実際には縦軸に磁束密度 B を用いて B-H 曲線で磁化の状態を表現する場合が多い．この場合には，残留磁化 I_r の代わりに残留磁束密度 B_r を用い，飽和磁化 I_0 の代わりに飽和磁束密度 B_0 を用いる．

5.4.2 透 磁 率

磁界の強さ H と磁束密度 B の関係は，真空中では比例しており

$$B = \mu_0 H \tag{5.25}$$

と与えられる．磁界の中に磁性体を置いた場合，磁性体内部の磁束密度 B は磁性体自身の磁化 I の影響も加わり

$$B = \mu_0 H + I \tag{5.26}$$

と与えられる．ここで，ある限られた磁界の範囲内で I は H に比例していると見なすことができ

$$I = \chi H \tag{5.27}$$

と書けるので，式 (5.26) は

$$B = \mu_0 H + \chi H = (\mu_0 + \chi)H = \mu H \tag{5.28}$$

と変形できる．この $\mu(=\mu_0 + \chi)$ を**透磁率**と呼び，普通は μ_0 を単位とする比の値で扱われる．一般に μ が大きいほど磁化されやすい．

5.4.3 静磁エネルギー

強磁性体が磁化され飽和しているとき，すべての磁区の磁化はそろい全体が一つの磁区（単一磁区構造）となる．このとき，**図 5.18** に示すように，物質の外部はもちろんのこと内部にも磁界（反磁界 H_D）が発生する．したがって，磁化された強磁性体は，ちょうど磁界内に磁石が置かれたときと同じ状態

5.4 強磁性体の磁化機構　　65

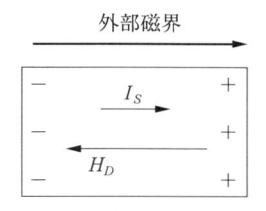

図 5.18　一様に磁化された強磁性体

にあるので，磁気的な位置エネルギー† をもつことになる。これを**静磁エネルギー**と呼ぶ。

　強磁性体内にはこの静磁エネルギーのほかに，スピン間を平行に保とうとするスピン間の交換相互作用，磁化の容易軸方向からのずれに依存する異方性エネルギー，磁壁に蓄えられる磁壁エネルギー，磁気ひずみに関係した磁気弾性エネルギーが存在するが，一般に強磁性体はこれらのエネルギーの和が最小になる磁区構造をとろうとする。

5.4.4 磁 気 異 方 性

　強磁性体を磁化させるとき，磁化しやすい方向と磁化しにくい方向とがある。前者を磁化容易方向，後者を磁化困難方向という。このように磁化させる方向によって磁化の難易を示す性質を**磁気異方性**（magnetic anisotropy）と呼び，これはおもに強磁性体の結晶構造に関係している。例えば，Fe 単結晶の場合は，**図 5.19** に示すように［１００］方向に磁界をかけたときが最も磁化されやすく，［１１１］方向の場合が最も磁化されにくいことが知られている。また，Ni の場合は［１１１］方向が容易方向，［１００］方向が困難方向になっている。

　一般に，外部磁界がないとき，強磁性体内部において自発磁化は安定な状態，つまりエネルギー的に最も低い状態をとるような方向を向いており，この方向が容易方向となる。したがって，自発磁化を容易方向からそれた方向に向

---

† 磁界 H 内での磁気モーメント M の磁気的位置エネルギー U は
$$U = -MH \cos \theta$$
　と与えられている。ここで，θ は M と H のなす角度である。

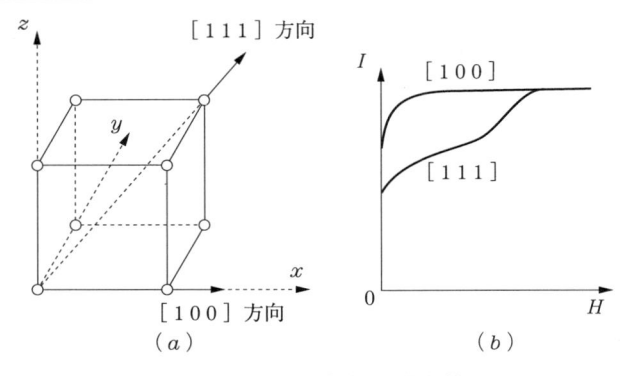

図 5.19　Fe 単結晶の磁化曲線

けるためには余分なエネルギーが必要となり，その分だけ磁化が困難になる。この余分なエネルギーを**磁気異方性エネルギー**と呼ぶ。

5.4.5　磁気ひずみ

　強磁性体を磁化するとその形状が変化する。また，逆に強磁性体に張力（圧縮力）を加えると磁化曲線に変化を生じる。このような現象を**磁気ひずみ**（magnetostriction）と呼ぶ。具体的には，かけた磁界方向に伸び Δl を生じ，伸びの割合 $\Delta l / l$ は図 **5.20** に示すように磁界の変化に伴って増加し，やがて磁化曲線と同様に飽和する。この飽和値 λ_s は磁気ひずみ定数と呼ばれ，10^{-5}〜10^{-6} 程度の値をとる。一方，磁界方向と直角な方向では縮みを生じており，結果的に強磁性体の体積は磁界の大きさに関係なく一定である。

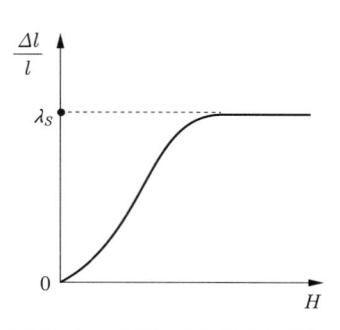

図 5.20　磁界による長さの変化 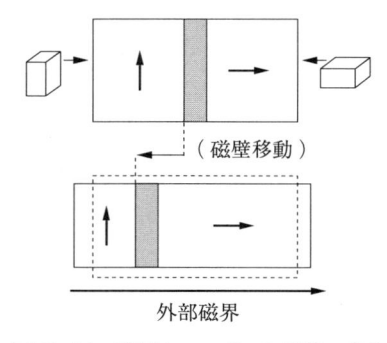　　図 5.21　磁区内のひずみと形状の変化

強磁性体内において，基本的に各磁区はその磁区内の自発磁化の方向に変形しており，このことが磁気ひずみの原因となっている。つまり，図 **5.21** に示すように，外部磁界の作用で磁壁移動が起こると，磁界方向と同じ方向に自発磁化をもつ磁区の占める割合が増え，その結果強磁性体全体にひずみ（伸び）が生じると考えられる。例えば，あらゆる方向の磁気ひずみが等しい等方的な強磁性材料の場合，磁気ひずみ $\Delta l/l$ は

$$\frac{\Delta l}{l} = \frac{3}{2}\lambda_s\left(\cos^2\theta - \frac{1}{3}\right) \tag{5.29}$$

と与えられている。ここで，θ は自発磁化と観測方向とのなす角度である。

5.4.6 ヒステリシス損

一般に物質の状態を変えるには仕事が必要である。いま，磁性体を磁化するのにどれだけの仕事を必要とするのか考えてみる。外部磁界 H のもとで磁化が I から $I+\Delta I$ まで変化するとき，磁界がする仕事 ΔW は

$$\Delta W = \Delta I H \tag{5.30}$$

と与えられる。したがって，磁化が I_1 から I_2 まで変化するときの全仕事 W は

$$W = \int_{I_1}^{I_2} H dI \tag{5.31}$$

となり，これは図 **5.22** の網かけ部分の面積を与える。なお，この仕事 W の一部は磁性体内部のポテンシャルエネルギーを高めるのに使われ，残りは熱エネルギーの形で消費される。強磁性体の場合，ヒステリシス曲線に沿って磁化される間になされる仕事はこの曲線で囲まれた面積に相当し，これはすべて熱

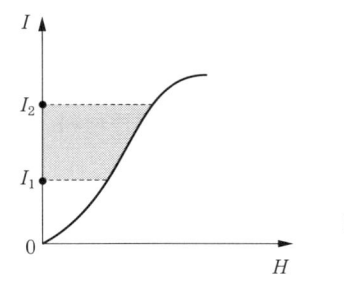

図 **5.22** 磁化するのに必要な仕事

エネルギーとして放出される。このエネルギーを**ヒステリシス損**（hysteresis loss）という。

5.4.7 渦 電 流 損

強磁性体に交流磁界をかけると，物質内部に磁束の変化に伴う誘導電流（渦電流）が発生する。この渦電流によるジュール熱の発生は一種のエネルギー損となり，これを**渦電流損**（eddy-current loss）と呼ぶ。例えば，板状試料の場合，粗っぽいモデルではあるが，単位時間での単位体積当りの損失 W_e は

$$W_e = k\frac{f^2 D^2 B_m^2}{\rho} \tag{5.32}$$

と与えられている。ここで，k は定数，D は板の厚さ，f は周波数，B_m は最大磁束密度，ρ は抵抗率である。したがって，渦電流損を小さくするためには D を薄くし ρ の大きな材料を用いればよい。

5.5 各種磁性材料

5.3 節で述べたように物質の磁性にはいくつかの種類があったが，この中で実際に磁性材料として用いられているものは強磁性とフェリ磁性を示す物質である。また，これらの物質は磁気的特性から軟磁性材料と硬磁性材料とに分類され，それぞれ用途に応じた用いられ方をする。また，磁性材料を用途別に眺めてみると，最も多いのは磁気記録材料としてであり，ついで電気鉄板，以下ソフトフェライト，永久磁石となっている。

5.5.1 軟 磁 性 材 料

透磁率が大きくて磁化されやすい磁性材料を**軟磁性材料**（soft magnetic materials）あるいは**高透磁率材料**と呼ぶ。一般に，軟磁性材料に対しては，保磁力と残留磁化が小さく，ヒステリシス損と渦電流損が少ないことが要求される。このためには，材質が均一で不純物が少なく内部ひずみが小さいことが

必要となる。物質内に不純物が存在すると原子配列の不規則性や格子のひずみが発生し,材質が不均一な場合と同様に磁壁移動が妨げられ磁化されにくくなり,その結果透磁率の低下を招くことになる。また,材料にプレス加工や切削加工などを施すと,外力によって加工ひずみや磁気ひずみが発生し,やはり透磁率の低下が起こる。

渦電流損を小さくするには電気抵抗の大きな材料を選べばよい。さらに,ヒステリシス損を小さくするにはヒステリシス曲線で囲まれる面積が小さいものを選べばよい。また,軟磁性材料を使い分けるにあたり,以下の点を考慮する。

1) 性能を優先するかあるいは経済性を優先するか
2) 大きな磁界のもとで使用するかあるいは小さな磁界のもとで使用するか
3) 高周波用に使用するかあるいは低周波用に使用するか
4) 高感度を必要とするか
5) 透磁率の周波数特性はどうか

なお,軟磁性材料はおもに変圧器,電動機,発電機,通信機などにおける鉄心材料として用いられている。

〔1〕 けい素鋼　最も代表的な強磁性材料は純鉄であり,これは飽和磁

コーヒーブレイク

磁石にくっつく液体（磁性流体）

磁性流体とは,液体（水,オイルなど）中にマグネタイト（Fe_3O_4）などの強磁性微粒子（直径 10^{-8} m 程度）を均一に安定分散させた複合材料で,液体全体が磁性をもっているように振る舞い,磁界や電界の作用を受ける。液状のため,自由にその形を変えることができ,磁界の作用を受ける特性も生かしたいくつかの用途が考えられる。

例えば,回転軸の保持部となるベアリングのすき間部分にシール材として利用されている。液状であるため,すき間を完全に密閉することができ,また摩擦の影響もほとんどない。さらに,磁界の作用の有無により粘性を大きく変えることを利用して,磁気クラッチにも使用されている。その他,物質の比重選別,磁気インク,薬剤（薬剤と結合させ,磁界の誘導による患部への正確な投与）などにも利用されている。

化が高くまた安価である。しかし,一般に純鉄は C, Si, P, S, N, O など の不純物を含むため,保磁力が高まり,また透磁率が低下する。したがって,純 鉄はこのままでは軟磁性材料には適さない。また,純鉄の欠点として, Fe 中 に含まれる N が窒化物を生成するため磁化特性が劣化してしまうこと,抵抗 率が小さいために渦電流損が大きいことが挙げられる。そこで,純鉄に少量 (3～4%)の Si を添加すると,抵抗率が増大し,また磁化特性の劣化も改善さ れる。さらに,磁気異方性と磁気ひずみが減少するために透磁率も向上する。

このように純鉄に Si を添加したものを**けい素鋼**(silicon steel)と呼び,こ れは軟磁性材料として利用できる。けい素鋼の磁化特性は Si 含有量のほかに 加工法にも依存するため, Si 含有量および加工法の工夫によって多くのタイ プのけい素鋼が作られ,用途に応じて使い分けされている。

〔2〕 **パーマロイ**(Fe-Ni 合金)　鉄とニッケルとで作られる Fe-Ni 合 金(Ni 含有量 35～80%)を総称して**パーマロイ**(permalloy)と呼ぶ。**図 5. 23** に示すように,パーマロイは組成によって磁化特性が特徴的に変化する。

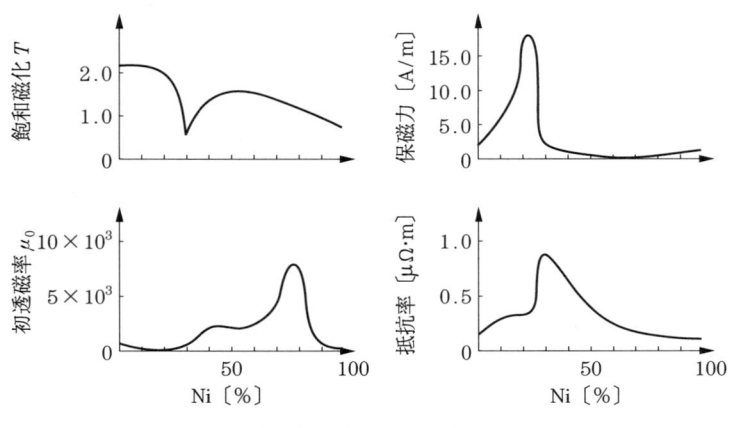

図 5.23　Fe-Ni 合金の特性

例えば, Ni 80% 近傍では結晶異方性定数 K_1 と磁気ひずみ定数 λ がともに 0 になるので,この組成でのパーマロイは高い透磁率を示す。また,加工法や 熱処理によっても磁気的特性は変わるので,組成はもちろんのこと加工法や熱

5.5 各種磁性材料

処理を工夫することによって,用途に応じたいろいろなタイプの軟磁性材料を作り出すことができる。例えば,Ni 40～50％の合金に適当な熱処理と圧延を施すと,広い磁界範囲にわたって透磁率が一定な材料(恒透磁率材料)が得られ,このタイプの材料はおもに通信機用コイルや変圧器に使用される。さらに,パーマロイに不純物として Mo 5％と Mn 0.3％を添加し,加熱後適当な速度で冷却すると,非常に高い透磁率をもった材料が得られる。これを**スーパーマロイ**と呼ぶ。おもな Fe-Ni 合金の磁化特性を**表 5.2**に示す。

表 5.2 Fe-Ni 合金の磁化特性

名 称	組 成 〔wt %〕	初透磁率 $[\mu_i/\mu_0]$	最大透磁率 $[\mu_{max}/\mu_0]$	最大磁束密度 B_s〔T〕	保磁力 H_c〔A/m〕	抵抗率 ρ〔μΩ·m〕
45 パーマロイ	45 Ni, 0.3 Mn 残り Fe	4 000	50 000	1.60	8.0	0.45
78 パーマロイ	78.5 Ni, 0.3 Mn 残り Fe	8 000	100 000	1.07	4.0	0.16
スーパーマロイ	79 Ni, 5 Mo, 0.3 Mn, 残り Fe	100 000	800 000	0.79	0.2	0.65

〔3〕 **フェライト**   一般に強磁性体の酸化物は強い磁性を示す。その代表的なものが Fe 酸化物であり,これは広い分野で利用されている。Fe 酸化物(Fe_3O_4)はマグネタイトとして古くより知られているが,この結晶構造は**図 5.24**に示すような $MgAl_2O_4$(スピネル型結晶構造)と同じである。Fe_3O_4 のようにスピネル型結晶構造をもち,$M \cdot Fe_2O_4$(M は金属)の形で表される物質を総称して**フェライト**(ferrite)と呼ぶ。

スピネル型結晶構造において酸素以外の原子が占める位置は 2 種類(図の位置 A と位置 B)あるが,強い磁性を示すフェライトの場合,位置 A には Fe 原子のみが配置され,位置 B には M 原子と Fe 原子が配置される。**図 5.25**に示すように,位置 A の磁気モーメントと位置 B の磁気モーメントは逆向きに配向しているため,フェライトはフェリ磁性を示す。

また,M = Fe の場合だけ正の磁気ひずみ($\lambda_s > 0$)を,Fe 以外の場合は負の磁気ひずみ($\lambda_s > 0$)を示す。したがって,Fe フェライトにほかのフェ

72　5. 磁 性 材 料

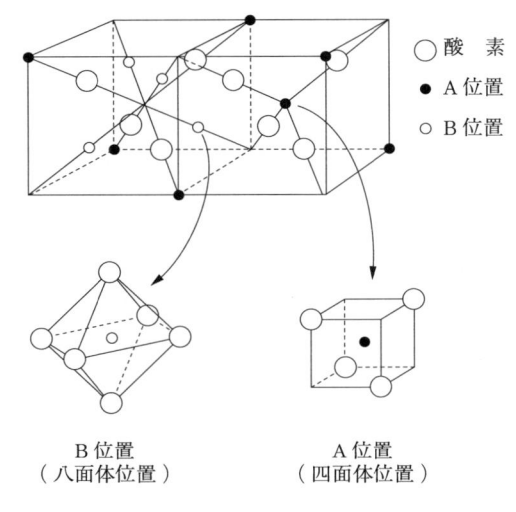

図 5.24 スピネル型結晶構造

（Fe）　（M）（Fe）
A位置　　B位置

図 5.25 フェライトにおける磁気モーメントの配列

ライトを適当な割合で混合することによって磁気ひずみをなくし，高い透磁率の磁性材料を作り出すことができる。また，混合フェライトにすることによって温度特性や周波数特性も変えることができ，使用目的に応じていろいろなタイプの材料を得ることができる。例えば，通信機器などに用いられる磁心材料はいろいろな周波数の交流で磁化されるので，磁心材料の使用可能周波数は大切な要素となる。

　一般に強磁性体を交流磁界のもとで磁化する場合，初透磁率 μ_i と使用限界周波数 f との間につぎの関係式が成り立つことが知られている。

$$\mu_i f = 一定 \tag{5.33}$$

この式によると，μ_i が大きな材料ほど使用可能な周波数範囲は狭くなる。Mn-Zn 系フェライト（$MnFe_2O_4 + ZnFe_2O_4$）の場合，μ_i が大きいので f が

小さくなり低周波用 (10〜500 kHz) に適している。また，Ni-Zn系フェライト (NiFe$_2$O$_4$ + ZnFe$_2$O$_4$) の場合，μ_i が小さいので f が大きくなり高周波用 (0.5〜80 MHz) として用いられる。さらに，Co フェライト (CoFe$_2$O$_4$ + Fe$_3$O$_4$) は後述するように永久磁石材料として使用されており，このことからもフェライトの利用範囲の広いことがわかる。おもな混合フェライトの磁化特性を**表 5.3** に示す。

表 5.3 おもな混合フェライトの磁化特性

名称	組成	初透磁率 $[\mu_i/\mu_0]$	最大磁束密度 $B_s[\text{T}]$	保磁力 $H_c[\text{A/m}]$	抵抗率 $\rho[\mu\Omega\cdot\text{m}]$	備考
Mn-Zn系 フェライト	MnFe$_2$O$_4$ + ZnFe$_2$O$_4$	15 000	0.32	2.7	0.02	低周波用
		5 000	0.42	8.0	1	
Ni-Zn系 フェライト	NiFe$_2$O$_4$ + ZnFe$_2$O$_4$	290	0.33	80	20×10^5	高周波用
		25	0.26	1 100	10×10^5	

5.5.2 硬磁性材料

保磁力，残留磁化，飽和磁化の大きな強磁性体を**硬磁性材料** (hard magnetic materials) または**永久磁石材料**と呼び，おもな用途は発電機，モータ，スピーカ，継電器，受話器などである。また，硬磁性材料には基本的に Fe を主成分とした合金が用いられている。硬磁性材料は周辺磁界の乱れの影響を受けずに安定した静磁界を供給する必要があるため，目安として保磁力が 10 kA/m 以上のものが適する。一般に保磁力を高めるには，磁壁移動が起こりにくくなるようにすればよい。具体的には材料を微粒子化あるいは針状化する。または不純物を混ぜたり，格子欠陥を形成させたり，加工ひずみを与えたりしても磁壁は動きにくくなる。

安定した大きな静磁界を供給できるということは，いい換えれば外部に対して大きな磁気的エネルギーを供給できるということである。一般に磁石の磁極間での磁気的エネルギー E_g は

$$E_g = -\frac{1}{2}BHV \tag{5.34}$$

と与えられている。ここで，B と H は磁石内部に生じている磁束密度および反磁界，また V は磁石全体の体積である。この式からわかるように，E_g は B と H の積 $B \cdot H$（エネルギー積）に依存しており，この最大値 $(B \cdot H)_{max}$（最大エネルギー積）が磁石の性能を決める目安となる。図 5.26 に示すように磁石内部に発生する反磁界 H は磁石の磁化 I と逆向きになっており，このことは磁石が磁化と逆向きの磁界中に置かれていることを意味する。したがって，このときの磁石の状態は第 2 象限内のヒステリシス曲線上にある。

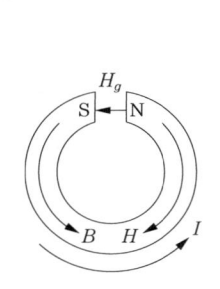

図 5.26　リング状の永久磁石　　図 5.27　永久磁石の動作点

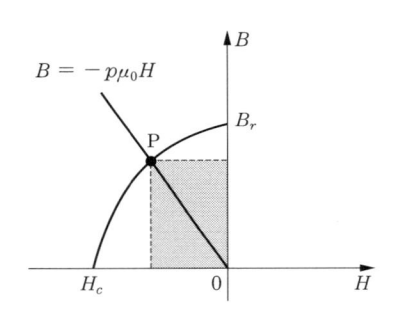

また，詳細は省くが，磁化された後の磁石内部の B と H はつぎの関係式を満足する必要がある。

$$B = -p\mu_0 H \qquad (5.35)$$

ここで，p は**パーミアンス係数**と呼ばれ，この値は磁石の形状で決まる。したがって，実際に使用されているときの磁石の状態は，図 5.27 に示すように磁化曲線と式 (5.31) で与えられる直線の交点 P にあるといえる。つまり，磁石としての出発点は P である。なお，このときの磁石のエネルギー積 $B \cdot H$ は図における斜線部分の面積で与えられる。一般に最大エネルギー積 $(B \cdot H)_{max}$ を高めるには残留磁束密度 B_r と保磁力 H_c を大きくすればよい。また B_r は飽和磁束密度 B_s とヒステリシス曲線の角形性（ヒステリシス曲線の形状がいかに長方形に近いか）に依存するが，これには限界がある。そこで，磁石としての性能を高めるには H_c のほうを高める工夫が必要である。

〔**1**〕　**析出合金磁石**　　金属合金を作るときに高温状態から冷却する方法を

工夫すると，一つの相の中にほかの相を析出させることができる。これを利用して，鉄の相の中に微細な単磁区粒子を析出させ保磁力を高めた磁性材料を作り出すことができる。これの代表的なものとしてFe，Al，Ni，Coを基本的な構成成分とした多元合金があり，これを**アルニコ**と呼ぶ。1931年に三島氏らによって開発された**MK鋼**（Ni 25％，Al 12％，Fe残り）がこのアルニコの原型になっている。用途はおもにマグネット，電動機，スピーカ，計器用磁石などである。しかし，欠点として機械的に硬く，また脆いため加工性の悪いことが挙げられる。

アルニコのほかにこれと同タイプの磁性材料として，Cu-Ni-Fe合金（キュニフェ），Cu-Ni-Co合金（キュニコ）などがある。これらはアルニコより磁気的性能は劣るが，加工性が良く加工性磁石とも呼ばれている。おもな用途はタコメータ，速度計などである。

〔2〕 **フェライト**　5.5.1項で軟磁性材料としての**フェライト**について説明したが，このフェライトは永久磁石としても使用されている。世界で最初に開発された酸化物磁石はCoフェライト（$CoFe_2O_4 + Fe_3O_4$）であり，OP磁石の名で世界的に注目された。現在Coフェライトは使用されていないが，これに代わるものとして$BaO \cdot 6Fe_2O_3$を主成分としたBaフェライトが開発されている。これは非常に高い保磁力（$H_C = 150\,\text{kA/m}$以上）をもっており，現在ではアルニコに代わって永久磁石の主流になっている。

欠点としては，機械的に脆いこと，飽和磁化が低いこと，磁化特性の温度変化が大きいことが挙げられる。この**フェライト磁石**の脆さを改善するために，フェライト粉末にゴムやプラスチックを混合しバインダで固めて成形したものが作られている。これらは柔軟性および加工性が高く，**ゴム磁石・プラスチック磁石**と呼ばれている。

〔3〕 **希土類コバルト磁石**　希土類金属（R）とコバルトとの間にはさまざまな組成の金属間化合物が作られている。中でも，RCo_5型の金属間化合物は磁気異方性が高く，そのため高い保磁力が期待でき，微粉末形磁石として有望視されている。現在，RをSm，Ce，Prとしたもの，さらにCoの一部を

76   5. 磁性材料

Cuで置換したもの（$RCo_{5-x}Cu_x$）などが永久磁石材料として実用化されており，現在知られているすべての磁石の中で最高の磁石性能をもっている。また，$SmCo_5$系より飽和磁化が高く最大エネルギー積$(B\cdot H)_{max}$も大きいSm_2Co_{17}系の化合物についても実用化されている。なお，希土類コバルト磁石の欠点は希土類金属が非常に酸化しやすいことであり，製造工程でこの酸化を防ぐ工夫が必要である。おもな硬磁性材料の磁化特性を**表5.4**に示す。

表5.4 おもな硬磁性材料の磁化特性

名　称	組　成〔wt%，残りFe〕	残留磁束密度 B_r〔T〕	保磁力 H_c〔kA/m〕	最大エネルギー積 $(B\cdot H)_{max}$〔kJ/m³〕
アルニコ2	12Al, 23Ni, 5Co	0.6	44	10
アルニコ5（異方性）	8Al, 14Ni, 24Co, 3Cu	1.3	50	40
アルニコ9（柱状晶）	7Al, 15Ni, 34Co, 4Cu, 8Ti	1.1	120	72
キュニフェ	60Cu, 20Ni	0.5	44	12
キュニコ	50Cu, 21Ni, 29Co	0.3	56	7
Baフェライト（等方性）	$BaO\cdot 6Fe_2O_3$	0.2	150	9
LM-22	$SmCo_5$	0.9	730	172

演 習 問 題

【1】 半径2.0cmの円形コイルに1.0Aの電流が流れている。この電流に基づく磁気モーメントを求めよ。ただし，真空透磁率μ_0を1.26×10^{-6}H/mとする。

【2】 Ni単体のキュリー温度は630K，Ni原子の磁気モーメントは7.3×10^{-30}Wb·mである。800KにおけるNi単体の磁化率を計算せよ。ただし，ボルツマン定数kを1.38×10^{-23}J/K，Niの原子量および密度をそれぞれ58.7，8.8g/ccとする。

【3】 軟質磁性材料と硬質磁性材料の特性の違いを整理せよ。

6

超 伝 導 材 料

6.1 超伝導の発見

　金属に電流を流した場合，金属内を運動する自由電子は格子点である原子の熱振動，原子配列の乱れ，不純物原子の存在などの影響を受け，これが電気抵抗となって現れる。一般に，金属の電気抵抗は温度が下がると減少するが，絶対零度に近づけたらどのようになるのであろうか。低温技術をもたない時代においては，このことが非常に重要な問題であった。

　1907年にオランダのオンネスがHeの液化に成功し，その後このHeの液化温度（4.2 K）を利用して，Hgの電気抵抗の測定が行われた。その結果，4 K近傍でHgの電気抵抗が急激に0になることが発見された（1911年）。この現象を**超伝導**（superconductivity）と呼び，超伝導が出現する（つまり，電気抵抗が0になる）温度を**臨界温度**（critical temperature）T_cという。

　Hgの超伝導の発見以後，ほかの金属（Pb，Sn，Inなど）についても同じ現象が起こることがわかり，その後さらに合金（Pb-Bi）や化合物（NbN）などの超伝導物質も発見された。しかし，この頃はまだ超伝導現象に関する基礎理論が確立していなかったために，暗中模索による新物質の探求，つまり，偶然性による発見がほとんどであった。1930年，B1型遷移金属化合物であるNbCが発見され，T_cは初めて10 Kを越えた。

　単なる超伝導新物質の探求から材料開発の目的意識をもった研究へ移行したのは1950年代に入ってからであり，1953年にA15型金属間化合物である

V$_3$Si（$T_C = 17\,\mathrm{K}$）が発見された。また，この頃よりマティアスルール，BCS 理論，GLAG 理論が登場し，超伝導現象に関する理論的解明が始まった。その後も経験則に基づいた探索や研究者の直感により，多くの新しい超伝導物質が発見されているが，1973 年に Nb$_3$Ge（$T_C = 23\,\mathrm{K}$）が発見された以後 10 年以上の間，T_C の向上は見られなかった。T_C が飛躍的に向上したのは，1986 年の (La, M)$_2$CuO$_4$(M = Ca, Sr, Ba) の発見，さらに 1987 年の YBa$_2$Cu$_3$O$_{7-x}$（$T_C = 92\,\mathrm{K}$）の発見からである。

電気抵抗が 0 であれば，電流を流しても電圧降下がなく，ジュール熱も発生しないため，エネルギーの損失が起こらず，高密度の電流を永久に流すことができる。したがって，超伝導体を送電ケーブルに用いることにより，電力の損失なしで大電流を送ることができる。また，電磁石用に利用して，高い磁界を発生させたり，発電機やモータのコイル部分を超伝導化して高い出力を得たりすることができる。さらに，巨大な超伝導コイルに電流を流し，永久的に電力を貯蔵することもできる。超伝導体は磁性面でも特異的な性質（完全反磁性）を示すが，これを利用して磁気浮上や磁気シールドなどへも応用されている。超伝導体が示すジョセフソン効果は外部からの磁界や電磁波などに敏感に応答するため，各種センサやスイッチング素子にも利用されている。そのほか，半導体や磁性体などの他の素材と組み合わせ（ハイブリッド化），機能材料としての利用も考えられている。

いずれにせよ，超伝導の利用に関してはまだ未知なる部分が多く，今後，エレクトロニクス，エネルギー，医療，宇宙，交通などさまざまな分野への応用が進められ，そのための研究・開発が一層活発に行われるであろう。そして，21 世紀には産業界において半導体と並ぶ中心的素材となるかもしれない。

6.2　超伝導体の基本的性質

6.2.1　超伝導の原因

先にも述べたように，常伝導状態の金属に電流を流した場合，金属内の自由

電子は格子との相互作用により電気抵抗を受ける。超伝導状態の金属においては，この電子と格子との間の相互作用はどうなるのであろうか。1950年に同位体をもつHgなどについて臨界温度（T_c）が精密に測定されたが，その結果，T_cが元素の質量Mに依存し，つぎの関係が成立することがわかった。

$$T_c \propto \frac{1}{\sqrt{M}} \tag{6.1}$$

この関係を**同位体効果**と呼ぶが，このことは超伝導状態においても，イオンの運動つまり格子振動が大きく寄与していることを意味しており，やはり，電子と格子との間の相互作用は重要となっている。

では，常伝導状態と超伝導状態の違いはどこにあるのだろうか。この問題に対して見事な解釈を与えたのがバーディーン，クーパー，シュリーファーであった（1957年，BCS理論）。**BCS理論**では，常伝導状態と超伝導状態における電子状態の違いを基本としている。つまり，常伝導状態では金属内の各電子はパウリの原理に基づいたフェルミ統計に従い，一つのエネルギー状態に1個の電子だけが分布する。これに対して，超伝導状態ではボーズ・アインシュタイン統計に従い，一つのエネルギー状態に無数の電子が収容されると考えた。しかし，本来負の電荷をもった電子どうしの間にはクーロン反発力が作用するため，単純に一つの状態にいくつもの電子をつめ込むことは困難である。したがって，超伝導状態においてはこのクーロン反発力に打ち勝つだけの何らかの引力が作用する必要がある。

いま，2個の電子が1組の電子対（**クーパー対**と呼ぶ）を形成すると考える。金属内ではイオンが規則正しく並び正電荷の分布が一様になっているが，この空間内を1個目の電子①が通過すると，周囲のイオンを引き寄せるため，イオンの分布は乱れ，その結果，図**6.1**に示すように局所的に正電荷の密度の高い領域を残していく。

この領域に2個目の電子②が引き寄せられるので，結果的に電子①と電子②の間に引力が作用したことになる。この電子間引力がクーロン反発力より大きいとき，電子どうしはたがいに引き合いクーパー対を形成する。また，こ

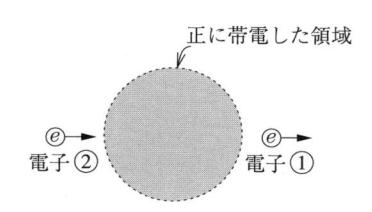

図 6.1 電子間引力の発生機構

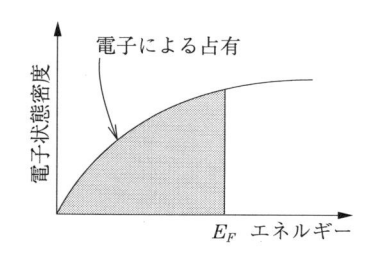

図 6.2 常伝導状態の電子状態密度

の電子間引力の作用により電子系のエネルギーは低下し，より低いエネルギー状態をとろうとする．もし，このとき電子がフェルミ統計に従うならば，**図 6.2** に示す分布状態にあり，**フェルミ準位**（E_F）近傍の電子がより低い準位をとろうとしても，これは不可能である．

そこで，電子はボーズ統計に従い，**図 6.3** に示すような分布状態をとり，無数の電子対が μ 近傍の低いエネルギー状態に収容される．このとき，超伝導状態の電子の状態密度には**図 6.4** に示すように E_F 近傍にエネルギーギャップが形成されており，このギャップに相当するエネルギーを外部から与えられない限り常伝導状態に戻ることはできない．けっきょく，二つの電子がクーパー対を形成し，強い相関のもとにたがいにエネルギーのやりとりを行うため，一方の電子が格子欠陥や不純物などによって散乱され抵抗を受けても，残りの電子が散乱をまぬがれれば，結果的に電気抵抗が 0 の状態，つまり超伝導が実現されることになる．

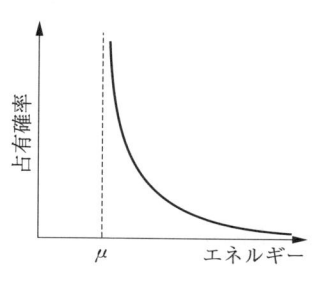

図 6.3 ボーズ分布関数

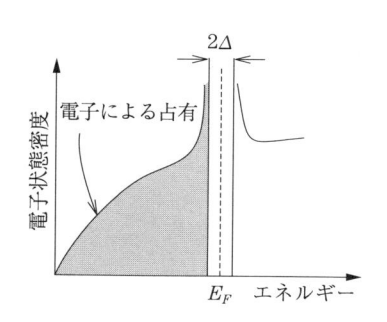

図 6.4 超伝導状態の電子状態密度

6.2.2 マイスナー効果

　一般に，常伝導状態の金属に外部から磁界をかけると，図 **6.5** (*a*) に示すように金属の内部にも磁界が存在する。しかし，金属を冷却し超伝導状態にすると，図 (*b*) に示すように金属内部には磁束は侵入せず内部の磁界は 0 となる。これは，外部からの磁界を排除するように，金属の表面に電流が流れ，金属自身が逆向きに磁化されるからである。つまり，金属内部の磁界を完全に 0 にするような反磁性（完全反磁性）が生じる。この現象を**マイスナー効果**（Meissner effect）と呼び，これは超伝導体の重要な特性の一つである。

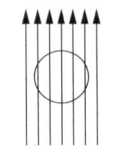

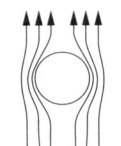

　　　　　　（*a*）　常伝導状態　　（*b*）　超伝導状態

　　　　　　　　図 **6.5**　金属内部の磁界

6.2.3 臨 界 磁 界

　ある一定温度のもとで超伝導体に外部から磁界をかけると特徴的な挙動を示す。例えば，純金属の超伝導体の場合，磁界を増加させていくと，ある強さ H_c のところで超伝導が急激に壊れ常伝導状態に戻る。このような性質を示すものを**第 1 種超伝導体**という。また，この H_c を**臨界磁界**と呼び，実験結果より多くの超伝導体に対して次式が近似的に成り立っている。

$$H_c(T) \fallingdotseq H_c(0)\left\{1 - \left(\frac{T}{T_c}\right)^2\right\} \tag{6.2}$$

先にも述べたように，超伝導状態では完全反磁性を示すため，外部磁界が H_c に達するまでは超伝導体内部の磁束は 0 になっているが，H_c を越えると急激に常伝導状態に移行し，図 **6.6** に示すように磁束が侵入する。その結果，超伝導体の磁化曲線は図 **6.7** のような特徴的な様子を示す。

　これに対して，合金系および化合物系の超伝導体の場合，臨界磁界は二つ

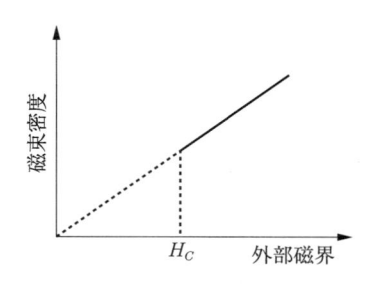

図 6.6　第 1 種超伝導体内部の磁束密度 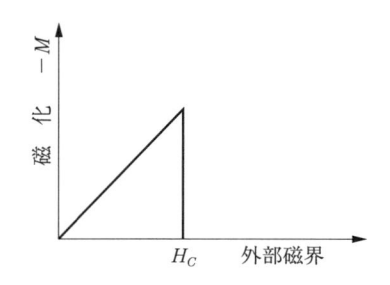　　図 6.7　第 1 種超伝導体の磁化

(H_{C1}, H_{C2}) 存在し，外部磁界をかけることによって，超伝導体内部の磁束と磁化はそれぞれ図 6.8 と図 6.9 に示すような変化を行う。つまり，H_{C1} に達するまでは第 1 種超伝導体と同様に完全反磁性の出現により磁束は 0 であり，H_{C1} を超えると超伝導体内部に糸状に磁束が侵入し，この侵入部分だけは常伝導状態になる。外部磁界の増加に伴い磁束の侵入部分が増加し，H_{C2} で超伝導状態は完全に消失する。その結果，物質全体が常伝導状態に戻る。H_{C1} を**下部臨界磁界**，H_{C2} を**上部臨界磁界**という。また，以上のような特性を示す超伝導体を**第 2 種超伝導体**という。

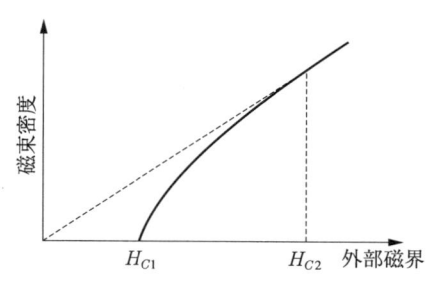

図 6.8　第 2 種超伝導体内部の磁束密度 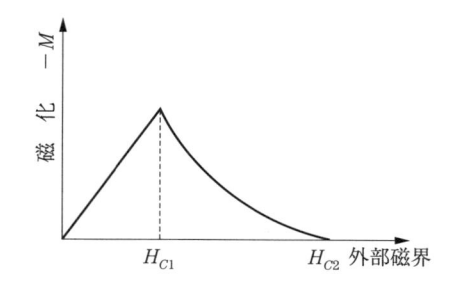　　図 6.9　第 2 種超伝導体の磁化

6.2.4　臨界電流密度

先にも述べたように第 2 種超伝導体が混合状態にあるとき，内部に磁束が糸状に侵入している。このような状態の超伝導体に電流を流すと，磁束はこの電流からローレンツ力を受け超伝導体内を移動し，その結果，電力損失を生じる

ことになる。しかし，実際には超伝導体は完全に均質ではなく，その内部に転移，不純物，析出相などの不均質部を含むため，この部分が磁束の移動を妨げている。これをピン止め作用と呼び，この作用によって電力の損失なしで電流が流れる。そこで，もしローレンツ力がピン止め作用より大きいときには，磁束の移動が起こり電力損失を生じるため，大きな電流を流すことができない。ローレンツ力がピン止め作用と等しくなるときの電流密度を**臨界電流密度** J_c と呼ぶ。

一般に，超伝導材料の性能を評価するにあたり，この臨界電流密度のほかにさらに先に述べた臨界温度と臨界磁界が大切な要素となる。実用的にはいずれの値も高いことが望ましい。

6.2.5 ジョセフソン効果

超伝導体どうしを絶縁体や常伝導体を介して弱く結合させた場合，両方の超伝導電子がたがいに相関をもち，その結果，二つの超伝導体の間に電圧がなくても電流を流すことができる。この現象を**ジョセフソン効果**（Josephson effect）と呼ぶ。これは外部からの磁界や電磁波などに敏感に応答するため，接合部を流れる電流（ジョセフソン電流）を外部から容易に制御できる。

6.3 超伝導材料

1911年に超伝導現象が発見されてから数十年間は新物質の探求が主で，応用面に関する研究・開発はほとんど行われなかった。実用化に向けての開発が始まったのは1960年代に入ってからである。超伝導体の実用化にあたり，その性能が優れていること，つまり H_c，T_c，J_c のそれぞれが高いことは重要であるが，さらに加工性および経済性が良いことも大切な条件となる。性能が優れていても硬くて脆い素材は，用途に応じた形状化（例えば，線材化，薄膜化等）が困難であり，この形状化のために特殊な技術開発が必要とされる。代表的な超伝導材料を**表6.1**に示す。

6. 超伝導材料

表 6.1 代表的な超伝導材料の T_c と H_{c2}

物　質	T_c〔K〕	H_{c2}〔T〕(4.2 K)
Nb-Ti 合金	9	11.5
Nb$_3$Sn	18	26
V$_3$Ga	15	24
Nb$_3$Ge	23	37
NbN（薄膜）	17	30
PbMo$_6$S$_8$	14	50

（製法，純度，形状等により異なる場合がある）

　超伝導体は元素超伝導体，合金超伝導体，化合物超伝導体，その他特殊な超伝導体に分類されるが，ここでは合金超伝導体と化合物超伝導体について，加工方法を含め簡単な解説をする。

6.3.1 合金超伝導体

　合金超伝導体は加工性および経済性が良く，また取扱いが容易であるため，早い段階で実用化に向けた開発が進められた。代表的なものとして，Pb-Bi 合金，Nb-Ti 合金，Nb-Zr 合金などがあるが，中でも Nb-Ti 合金はマグネット用線材の中心的存在となっている。Nb-Ti 合金は Ti 35～40％の組成で T_c が最大値（10.1 K），Ti 65～70％の組成で H_{c2} が最大値（11.5 T）をそれぞれ示すが，実用化の組成は加工性および特性を考慮して Ti 50～70％となっている。Nb-Ti 合金の線材化は以下に述べる伸線加工法によって行われる。

　まず，Nb-Ti 合金のインゴットを作成し，これを直径数mmの棒状に加工する。この合金棒を銅パイプに入れ複合棒としたものを数百本まとめて，さらに銅パイプに組み込む。これを押出し-引抜き加工により極細化し，この極細線をさらにまとめて銅パイプに組み込み，同様の極細加工を施す。これによって，銅母体の中に Nb-Ti 合金の極細心が多数（数万本）埋め込まれた状態の線材（極細多心線）が作製される。なお，極細化の際にねじり加工が加えられているが，これは超伝導体内部での電磁界分布を均一化するためである。

6.3.2 化合物超伝導体

一般に，**化合物超伝導体**の T_c と H_{c2} は合金系に比べて高いので，高磁界発生マグネット用に適している。しかし，機械的に脆く加工性の悪いことが欠点であり，実用化にあたり線材化方法を工夫する必要がある。代表的なものとして図 **6.10** に示す A15 型立方結晶構造をもつ Nb_3Sn と V_3Ga があるが，線材化方法として以下に述べる表面拡散法，複合加工法，insitu 法などがある。

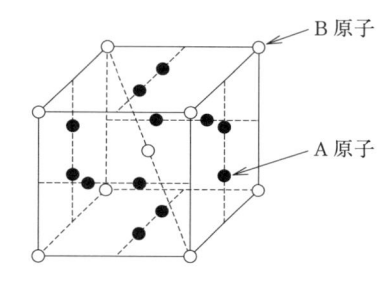

図 **6.10** A15 型立方結晶構造（組成 A_3B）

[1] 表面拡散法　まず，Nb の金属テープを溶融した Sn 中に通すことによって表面に Sn メッキを施す。つぎに，これを適当な温度のもとで熱処理すると，金属テープ（Nb）とメッキ層（Sn）との間の拡散反応によって，金属テープ両面に Nb_3Sn 層が生成される。なお，安定化のためにテープ両面に Cu が被覆されている。**表面拡散法**により作製された素材は薄いテープ状であるため，マグネットに巻き込む際のひずみが小さく，比較的小型のマグネットに採用されている。

[2] 複合加工法　図 **6.11** に示すように Cu-Ga 合金に V 棒を多数挿入し，この複合体に熱処理（500 ℃）を施しながら必要な寸法まで線状化する。これに 600〜650 ℃の熱処理を加えると，Cu-Ga 合金中の Ga のみが V 棒と反応して，V 棒の界面に V_3Ga 層を生成する。結果的に，図 **6.12** に示すように V_3Ga 極細心を多数含んだ線材が作製される。Nb_3Sn についても，Cu-Sn 合金中に Nb 棒を多数挿入し，V_3Ga と同様の製法により線材化することができる。以上述べた**複合加工法**は化合物超伝導体の線材製法の主流となって

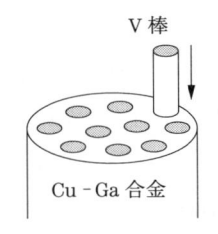

図 6.11 Cu-Ga 合金と V 棒の複合体

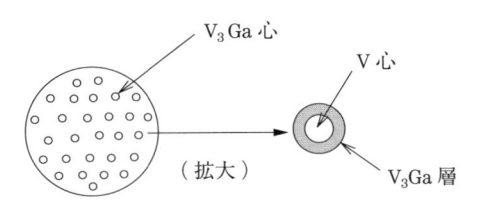

図 6.12 V_3Ga 極細心を多数含んだ線材の断面

おり,ブロンズ法とも呼ばれている。

〔3〕**インサイチュー（insitu）法**　Cu および Nb を溶解し二元素合金を作成すると,この合金は Cu 母相内に Nb 相が晶出した二相分離型構造になっている。Cu-Nb 合金は加工性が非常に良いので,線状およびテープ状への加工が容易であり,このとき合金内の Nb 相も細長く引き伸ばされている。そこで,この細長い Nb 相に対して Sn を外部から拡散反応させると,やはり線状の Nb_3Sn が生成される。つまり,Cu 母相内に多数の繊維状の Nb_3Sn を含んだ線状材料あるいはテープ状材料が作製される。

Nb_3Sn と V_3Ga 以外の化合物超伝導体としては,Nb_3Sn と同じ A 15 型結晶構造をもつ Nb_3Al や Nb_3Ge などがあり,これらの T_c と H_{c2} はいずれも Nb_3Sn よりも高く,実用材料として有望視されている。しかし,これらの化合物の場合,融点（約 2 000°C）直下の高温でのみ A 15 型構造が安定なために,先に述べた複合加工法による作製は不可能であり,現在新たな製造方法が研究されている。

NaCl 型構造をもつ NbN,NbC,MoC などの化合物は A 15 型化合物についで高い T_c をもっている。中でも,スパッター法で作製された NbN 薄膜は T_c が 17 K,H_{c2} が 30 T と超伝導体としての性能が高く,また耐応力特性や耐放射線特性も優れている。

$PbMo_6S_8$ に代表されるシュブレル型化合物は A 15 型化合物より機械的に脆いが,T_c に比べて H_{c2}（～50 T）がきわめて高いため,高磁界発生用材料としておおいに期待されている。

6.3.3 酸化物超伝導体

1911年にHgの超伝導現象が発見されて以来,臨界温度T_cの値は少しずつ向上され,1973年に23 K(Nb$_3$Ge)に達した.しかし,これ以後10年以上の間,T_cに関して有力な物質は発見されなかった.むしろ,J_cやH_{c2}の向上,交流特性の改善など実用面で大きな成果が得られた.T_c向上の低迷期において大きな転機となったのは,1986年の層状ペロブスカイト型構造をもつ(La-M)$_2$CuO$_4$酸化物(M = Ca,Sr,Ba)の発見である.これ以後高いT_cをもつ物質がつぎつぎに発見され,1987年には液体窒素中(77 K)で超伝導を示すYBa$_2$Cu$_3$O$_{7-x}$系酸化物が発見された.さらに,1988年のBi系およびTl系酸化物の発見によってT_cは100 Kを越えた.**表6.2**におもな**酸化物系超伝導材料**のT_cを示す.

従来の超伝導材料は液体ヘリウム(4.2 K)中で用いられているが,この液体ヘリウムは供給面やコスト面などで問題がある.液体ヘリウムに比べて,液体窒素(77 K)は供給が容易であり,コストが安く,また取扱いが簡単である.臨界温度が77 Kを越える酸化物系超伝導体の場合は,液体窒素中での使

> **コーヒーブレイク**
>
> **臨界温度 T_c 向上の限界はあるのか**
>
> 従来の理論をもとに,**臨界温度**T_cの限界は40 Kくらいだといわれていた.しかし,1980年代後半より,いままで主流であった金属系超伝導体に代わり,酸化物系の物質において高いT_cをもつ高温超伝導体がつぎつぎと発見され,Bi系およびTl系酸化物でついに100 Kを越えた.このような高いT_cをもつ超伝導体については,従来の理論で説明することは困難であり,新たなメカニズムおよび理論の確立を待たねばならない.
>
> 歴史は繰り返すごとく,高温超伝導体に対する新たな理論の確立に向け多くの研究者の努力が払われている間に,ひょっとしたら唐突にさらに高いT_cをもつ物質が発見され,この時点でまた新たなT_c向上のブームが再来するかもしれない.
>
> 現在のところ,T_c向上の限界に対して結論を出すことはできないが,ただT_c向上の余地は十分にあるとだけはいえる.

表 6.2 酸化物系超伝導材料の T_c

物　質	T_c 〔K〕
$LiTi_2O_4$	12
$BaPb_{1-x}Bi_xO_3$	13
$(La_{1-x}M_x)_2CuO_4$ 　M = Ca, Sr, Ba	40
$YBa_2Cu_3O_{7-x}$	92
$Bi_2Sr_2Ca_2Cu_3O_{10+x}$	110
$Tl_2Ba_2Ca_2Cu_3O_{10+x}$	120

用が可能であり,実用化が実現されれば経済面や操作面でかなり有利となる。しかし,酸化物系超伝導体はきわめて脆いために,薄膜化や線材化が困難であり,現在実用化に向けてさまざまな方法が試みられている。一方,酸化物系超伝導体の超伝導機構に関しては新しい理論的解明が必要であり,現在この方面の研究も精力的に進められている。

6.4 超伝導材料の応用

6.4.1 高磁界の発生

電磁石の巻線として超伝導材料を用いると,従来のような銅線を用いた場合と比較して,電力の損失がなく高密度の電流（10^2〜10^4倍）を流すことができるので,高い磁界を容易に発生させることができる。この高磁界の応用例は以下のとおりである。

〔1〕 **研究用超伝導磁石**　実験室では主として物性研究に用いられるが,形状は超伝導線材をコイル状に巻いたソレノイド型式のものが多い。電磁石の巻線には Nb-Ti 合金,Nb_3Sn,V_3Ga などの超伝導材料が用いられ,特に V_3Ga 線材の場合には 20 T 近い磁界が得られる。また,常伝導磁石と組み合わせることによって,30 T を越える高磁界を発生するハイブリッド型の電磁石も開発されている。

〔2〕 **NMR 分析装置**　原子核がもつ磁気モーメントは磁界内で図 6.13 に示すような特有な運動（歳差運動）を行う。この運動に対してある固有な振

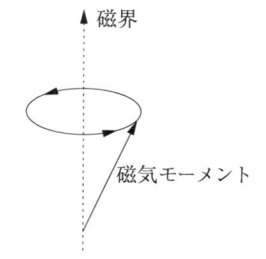

図 6.13 磁気モーメントの歳差運動

動数の電磁波を照射すると，エネルギー吸収が起こる。この現象を **NMR（核磁気共鳴）** と呼び，このNMRの測定によって物質内の分子構造などを解明することができる。このときの分析精度は外部磁界の強さや均一度に依存するため，超伝導磁石が採用される。

〔3〕 **MRI-CT（磁気共鳴断層映像装置）** 核磁気共鳴の原理を利用して生体内の水素原子核の分布が測定でき，これによって生体組織の映像を得ることができる。NMRの場合と同様に，高磁界を発生する超伝導磁石を用いることにより分解能の優れた画像が得られる。

〔4〕 **電子顕微鏡** 磁気レンズを超伝導化することによって，装置の小型化と分解能の向上が期待できる。

〔5〕 **磁気浮上列車** レール上を車輪走行する従来の列車の場合，速度の限界は 350 km/h くらいといわれている。これ以上の高速化の実現に対して，地上より列車を浮上させる方法があり，この浮上のために磁気力を採用したのが磁気浮上列車である。具体的には，車体に搭載した超伝導磁石が地上に設置した常伝導コイルに生じる誘導磁界から受ける反発力を利用し列車を浮上させる。なお，列車の推進力には地上に設置したリニアモータを利用している。磁気浮上列車の開発は単なる高速化の実現だけではなく，騒音問題の解決にもつながっている。

〔6〕 **電磁推進船** 船舶に搭載された超伝導磁石が作る強力な磁界を海水に加え，同じく船舶に取り付けられた電極により海水中に電流を流すと，海水は磁界から電磁力を受ける。その結果，船舶は電磁力と逆向きに推進力を受けることになる。スクリューによる推進と比較して，完全密閉型にできること，

操作が容易であること，無振動，無騒音などのメリットがある。

〔7〕 **加 速 器** 加速器は電子や陽子などの荷電粒子を高速度で衝突させ，さまざまな原子核の反応を調べる装置であり，これには粒子を加速するための磁石や粒子を識別するための磁石など多くの磁石が使われている。粒子のもつエネルギーが高くなるほど強い磁界を必要とするため，従来の銅線を用いた電磁石に代わり超伝導磁石が採用されるようになってきた。

6.4.2 エネルギー分野への応用

発電，送電，電力貯蔵等の電力システムに対しても，超伝導体の利用が積極的に進められている。代表的なものを以下に述べる。

〔1〕 **発 電 機** 現在，同期発電機が超伝導化の対象になっているが，具体的には界磁コイル（回転子コイル）を超伝導化した発電機が開発されている。この超伝導化により大幅に小型・軽量化ができ，また大きな出力が得られる。さらに，高効率および高安定度等の利点も期待できる。なお，超伝導化が従来の発電機より経済的に有利になるのは，出力が数百 MW（メガワット）以上の場合といわれている。

〔2〕 **核 融 合 炉** 核融合反応を引き起こすためには，高温プラズマを炉内に一定時間閉込める必要がある。この閉込めには磁界が使われるが，銅線を用いた電磁石では核融合炉の出力以上の電力を消費するために，採算がとれない。そこで，超伝導磁石の採用が不可欠となる。

〔3〕 **MHD（電磁流体）発電** 強い磁界内で高温のプラズマガスを運動させると，起電力が生じ発電することができる。これを MHD 発電と呼ぶが，この発電効率を高め経済的メリットを得るためには，超伝導磁石の強磁界の利用が不可欠となる。

〔4〕 **送電ケーブル** 現在の送電ケーブルは電気抵抗をもつために，ジュール熱の発生により約6％のエネルギー損失が生じるといわれている。送電ケーブルを超伝導化することにより送電効率をかなり高めることができるが，ケーブル全体を極低温に冷却する必要があるために，コスト面で割高になってし

まうことが欠点である。コスト面と送電効率の兼ね合いから，数GW（ギガワット）以上の送電において超伝導ケーブルが有利であるといわれている。

〔5〕**電力貯蔵**　先にも述べたが，巨大な超伝導コイルに電流を流すと，ジュール熱の発生がないためにコイル内を永久的に電流が流れ，結果的に電力貯蔵ができる。例えば，夜間の余剰電力を超伝導コイル内に貯蔵し，昼間の需要の多いときに取り出すことにより，効率よく電力を使用することができる。超伝導体を利用した電力貯蔵システムでは90％以上の貯蔵効率が見込まれており，揚水発電の場合（効率60～70％）よりかなり高い。

6.4.3　エレクトロニクス分野への応用

前述したジョセフソン効果において，二つの超伝導体の接合部を流れるジョセフソン電流がある限界値を越えると接合部に電圧を生じる。この電圧が発生するまでの時間は10^{-12}秒以下といわれており，電圧の有無を"1"と"0"に対応させた高速のスイッチング素子を作ることができる。この超伝導素子をコンピュータに用いることによって，消費電力を大幅に削減（半導体素子の1000分の1程度）でき，さらに高速化と小型化が可能となる。また，ジョセフソン電流が磁界に敏感であることを利用して，高感度の磁束計を作ることができる。これを用いて心臓の発生する磁界（心磁図）や脳の発生する磁界（脳磁図）を高い分解能で測定することができ，その結果精度の高い医療診断が期待できる。

演 習 問 題

【1】　第1種超伝導体と第2種超伝導体の違いを整理せよ。

【2】　超伝導材料の実用化にあたり，基本的に重要となる要素は何か整理せよ。

7

オプトエレクトロニクス材料

7.1 オプトエレクトロニクスの基礎

7.1.1 オプトエレクトロニクスとは

オプトエレクトロニクス（opto-electronics）は，optics（光学）＋electronics（電子工学）から作られた造語で，opticsの領域とelectronicsの領域が重なり融合した領域を意味している．

情報やエネルギーを伝達する担い手は，エレクトロニクスでは電子（あるいは正孔）であるが，オプトエレクトロニクスでは多くの部分で光がその役目を担う．光は電子に比べて伝達速度が圧倒的に速く，大量高密度伝送が可能，電気的絶縁が不要，電磁誘導の影響を受けない，非接触接続が可能など多くの工学的メリットが挙げられる．

オプトエレクトロニクスは，このような特徴をもつ光を電子工学に融合することで，飛躍的な技術革新を図ろうとする技術でもある．また，オプトエレクトロニクスを実現した機器などは，機械工学（mechanics）との融合ということで**オプトメカトロニクス**（opto-mechatronics）と称されることがある．CD，DVDプレーヤやコピー機など日常でよく見かける家庭電化製品やOA機器，光通信，光センサなど，その多くがオプトエレクトロニクス機器である．

今後は，コンピュータなどの情報処理分野などで，急速なオプトメカトロニクス化が進むと考えられる．現在，処理速度の高速化や情報量の爆発的増大に

7.1 オプトエレクトロニクスの基礎

対しては，CPUや記憶素子の微細化などのエレクトロニクス技術により対処している。しかし極度の細線化は，大電流密度による断線や，電気抵抗の増大，浮遊容量増大によるクロストークなどが避けられない。そのため，電子に代えて光で情報を伝達するオプト化による問題解決が期待されている。さらに，コンピュータの演算そのものを，これまでの電子による演算から，光の干渉，回折などを利用した光演算方法による**光コンピュータ**（optical computer）の開発へと，研究が進められている。光コンピュータは，これまでのコンピュータが苦手としてきた超並列演算やパターン認識などを短時間で処理することができる。また，アクチュエータの分野でも，これまでの電気や熱エネルギー供給による駆動に代えて，光をエネルギーや信号の供給に使用する**光アクチュエータ**（optical actuator）の研究も進んでいる。

オプト化がすべての分野で徹底されると，図 7.1 に示すような，光の特長を最大限に利用した**光一貫システム**（optical union system）が構築される。オプトエレクトロニクス技術は，現代社会において幅広い分野で重要な役割を担いつつある。

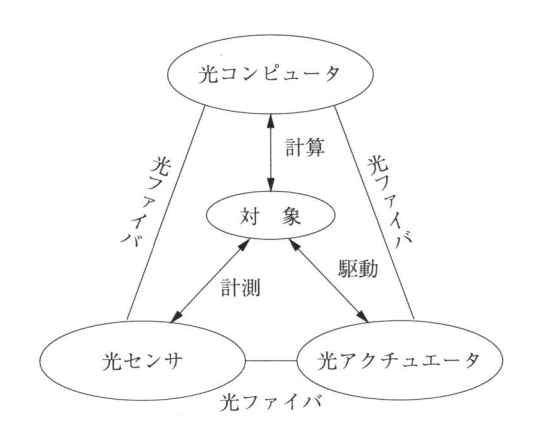

図 7.1 光一貫システム

7.1.2 光の波動性と粒子性

光には，反射や屈折，干渉や回折，散乱などの波動的な性質と，光電効果な

どエネルギーに関係した粒子的な性質をあわせもつ**波動と粒子の二重性**（wave-particle duality）がある．この二重性は，現象の種類により**波動性**（wave nature）と**粒子性**（particle nature）のどちらの性質が強く現れるかが異なってくる．特に粒子性を強調するとき，光を光子と呼ぶことがある．

〔**1**〕 **光の波動性**　一般に，波は次式で表される．

$$\Psi = A\cos(\omega t - kx) \tag{7.1}$$

ここで，Ψ は波の物理量，A は振幅，ω は角振動数，k は波数と呼ばれ，波の特徴を表す基本的なパラメータである．

そして，$x=0$ のとき（$\Psi = A\cos\omega t$）の波は，すなわち時間軸で見た波形であり，時間的に振動している．この波は $\omega t = 2\pi$ の周期で繰り返し，その周期 T は

$$T = \frac{2\pi}{\omega} \tag{7.2}$$

と表される．

一方，$t=0$ のとき（$\Psi = A\cos(-kx) = A\cos kx$）の波は，空間的に振動している波形を表している．空間的な周期を波長 λ といい

$$\lambda = \frac{2\pi}{k} \tag{7.3}$$

と表される．

式 (7.1) は，波の時間的，空間的広がりを表しており，その位相 $\phi(=\omega t - kx)$ が時間的に変化しない条件より

$$\frac{d\phi}{dt} = \omega - k\frac{dx}{dt} = 0 \tag{7.4}$$

$$\therefore \frac{dx}{dt}(=v) = \frac{\omega}{k} = \left(\frac{2\pi}{k}\right)\left(\frac{\omega}{2\pi}\right) = \lambda\frac{1}{T} = \lambda f \tag{7.5}$$

と表される．ここで，v は位相速度と呼ばれ，波の伝わる速度である．f は周期 T の逆数で振動数である．

光の波動性を特徴づけるパラメータは，上に述べたように波長 λ，振動数 f（角振動数 $\omega = 2\pi f$）があり，位相速度 v を光速 c とすると，波長 λ は式

(7.5) より

$$\lambda = \frac{c}{f} \tag{7.6}$$

の関係がある.光速 c は, $c = 2.998 \times 10^8$ m/s である.

式 (7.1) を 3 次元空間に拡張し,光を電界 $\boldsymbol{E}$ の波で表すと

$$\boldsymbol{E} = \boldsymbol{E}_0 \cos(\omega t - \boldsymbol{k}\boldsymbol{r}) \tag{7.7}$$

となる.

光は**電磁波**(electromagnetic wave)の一種で,図 **7.2** のように電磁波は波長の長いほうより電波,マイクロ波,赤外線,可視光線,紫外線,X 線,γ 線と固有の名前で呼ばれている.一般に赤外線,可視光,紫外線が光と呼ばれるが,オプトエレクトロニクスにおいては可視光,および可視光に近い波長の近赤外線が多く利用されている.

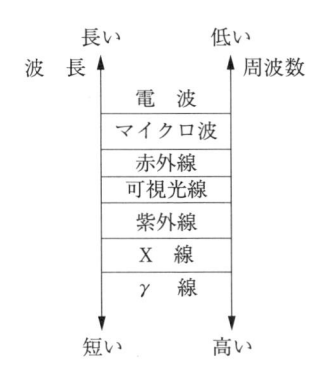

図 **7.2** 電磁波の名称

〔2〕 **光の粒子性** 一方,粒子の運動を特徴づけるパラメータには,エネルギー E,運動量 p がある.そして,いかなるエネルギーをもつ光子も

$$p = \frac{E}{c} \tag{7.8}$$

の関係を満足することが確かめられている.

また,光子のもつエネルギーは,光の振動数 f に比例するというアインシュタイン(Einstein)により提唱されたきわめて重要な関係式がある.

$$E = hf \tag{7.9}$$

ここで，光の波動性と粒子性とは，定数 h で結び付けられている。h は**プランク定数**（Planck constant）と呼ばれる最も重要な定数の一つで，6.626×10^{-34} J·s である。

式 (7.6) はつぎのように変形できる。

$$\lambda = \frac{c}{f} = \frac{hc}{hf} = \frac{hc}{E} = \frac{h}{E/c} = \frac{h}{p} \tag{7.10}$$

このように，波長 λ と運動量 p との関係が求められる。

〔**3**〕 **波長とエレクトロンボルトとの関係** オプトエレクトロニクスでは，エネルギーの単位としてエレクトロンボルトを使うことが多く，記号は eV と書く。1 eV は電子に 1 V の電位差を加えて得られるエネルギーの大きさで表される。その大きさは，電子の電荷が 1.602×10^{-19} C であるので，1 [eV] $= 1.602 \times 10^{-19}$ [C] $\times$ 1 [V] $= 1.602 \times 10^{-19}$ [J] となる。ここで，式 (7.6)，(7.9) よりエネルギーと波長との関係は

$$E \, [\text{J}] = \frac{ch}{\lambda} = \frac{2.998 \times 10^8 \, [\text{m/s}] \times 6.626 \times 10^{-34} \, [\text{J·s}]}{\lambda \, [\text{m}]}$$

$$= \frac{1.986 \times 10^{-25}}{\lambda} \, [\text{J}] \tag{7.11}$$

となる。そこで，エネルギー E を [eV]，波長 λ を [μm] でとると

$$E \, [\text{eV}] = \frac{1.986 \times 10^{-25}}{1.602 \times 10^{-19} \times \lambda \, [\mu\text{m}] \times 10^{-6}} = \frac{1.240}{\lambda \, [\mu\text{m}]} \tag{7.12}$$

と表される。また，式 (7.12) は

$$\lambda \, [\mu\text{m}] = \frac{1.240}{E \, [\text{eV}]} \tag{7.13}$$

となり，エネルギー E [eV] を有する光の波長 λ [μm] が得られる。例えば，波長 0.65 μm の赤色光のもつエネルギーは，$1.240/0.65 = 1.91$ eV と計算される。一方，1 eV のエネルギーを有する光の波長は 1.24 μm の赤外線となる。可視光（波長 0.4～0.7 μm）は，およそ 1.8～3.1 eV までの光エネルギー領域を表している。このようにエレクトロンボルト [eV] は，オプトエレクトロニクスの分野で光エネルギーを表す単位として便利である。

7.1.3 光と物質の相互作用

　光が物質に照射されるとき，光と物質との間にはさまざまな相互作用が生じるが，オプトエレクトロニクスにおいては，光と電子との間の相互作用が最も重要である。

　光が物質に照射されると光が吸収され電流が流れたり，また発光ダイオード (LED) や半導体レーザのように電流の注入により光を発生する。このように光と物質の電子との間には，エネルギーを介した相互作用がある。

　電子は原子核のまわりを安定軌道で回っているが，それぞれの軌道には決まったエネルギーがある。孤立した原子の電子エネルギーを表すと **図7.3** に示すような**エネルギー準位**（energy level）ができる。

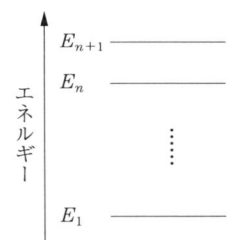

図 7.3 電子のエネルギー準位

　ところで物質は，多数の原子が集まった集合体である。そのため，パウリの原理を侵さないようにそれぞれの原子の電子状態は，エネルギー準位がわずかに異なった値をとり，帯状に広がった状態で安定する。この状態の軌道群は**許容帯**（allowed band）と呼ばれ，**図7.4** に示すような**エネルギーバンド**（energy band）構造を形成している。許容帯と許容帯との間を**禁制帯**（forbidden band）といい，電子は存在できない。

　なお，許容帯が電子で完全に満たされているものを**充満帯**（filled band），充満帯の最もエネルギー準位の高いものを**価電子帯**（valence band）という。価電子帯よりエネルギー準位が高く，電子によって完全には満たされていない許容帯を**伝導帯**（conduction band）といい，この伝導帯にある電子は外部の刺激により自由に移動できる（詳細については，本シリーズ9「電子工学基

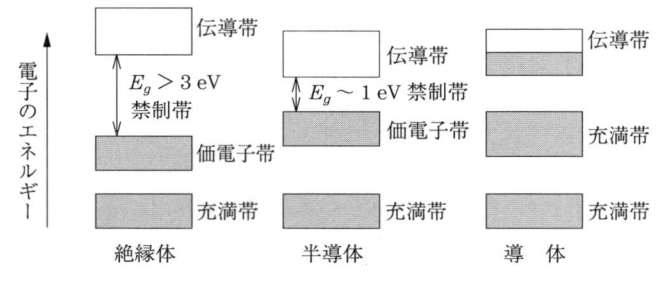

図 7.4 エネルギーバンド構造

礎」2章，3章を参照のこと）。

伝導帯のエネルギーと価電子帯のエネルギーの差を**エネルギーギャップ**（energy gap）という。伝導帯と価電子帯との移動を**遷移**（transition）といい，この遷移にはエネルギーギャップに相当するエネルギーの授受が伴う。エネルギーギャップ E_g である価電子帯から伝導帯への遷移には

$$\lambda [\mu m] \leqq \frac{1.240}{E_g [eV]} \tag{7.14}$$

で表される波長の光の入射が必要である。

オプトエレクトロニクス材料では，利用する光が有するエネルギーの関係より，エネルギーギャップの大きさが 0.5～3 eV 程度の物質が多く用いられる。

7.1.4 オプトエレクトロニクス材料の種類と分類

オプトエレクトロニクスを実現させる光デバイスには多くの種類があるが，**表 7.1** に示すように，**光応答**（optical response）の仕方により大きく二つのタイプに分けられる。

第一のタイプは光の放出・吸収を伴うもので，レーザなどの発光デバイスや

表 7.1 光デバイスの種類

光の放出・吸収を伴うデバイス	発光デバイス
	受光(光検出)デバイス
光の放出・吸収を伴わないデバイス	光伝送デバイス
	光変調デバイス
	光記録デバイス

ホトダイオードなどの受光（光検出）デバイスが代表的である．第二のタイプは光の放出・吸収を伴わないもので，光ファイバなどの光伝送デバイスや光スイッチ，光変調器などの光制御デバイス，光ディスクなどの光記録デバイスが挙げられる．

7.2 発光デバイス材料

7.2.1 レ ー ザ

〔**1**〕 **レーザの原理**　レーザ (laser) とは，light amplification by stimulated emission of radiation（誘導放出による光の増幅）の頭文字から名づけられており，二つのエネルギー準位の間に何らかの方法で**反転分布**（population inversion）を作り出して一対の反射鏡をもつ光学共振器中で光を誘導放出させた光発振器のことである．

反転分布とは，図 **7.5** のようにエネルギーの高い状態の電子数が，エネルギーの低い状態の電子よりも多い状態の分布のことで，通常の熱平衡状態であるボルツマン分布が反転したような分布になっているため反転分布と呼ばれている．

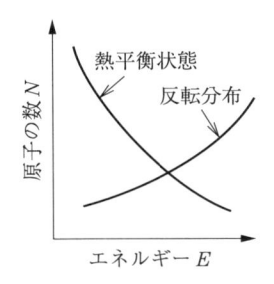

図 **7.5**　原子の分布状態

ボルツマン分布ではエネルギーの低い状態の電子の数が高い電子の数よりはるかに多いという自然の状態であるが，反転分布はエネルギーの高い状態の電子が多いという不自然な状態である．そのため，反転分布を実現するには，何らかの方法で低いエネルギー準位の電子にエネルギーを与えて，エネルギーの

高い状態に遷移させる必要がある。このようにエネルギーを注入して反転分布状態を実現することをポンピングという。

　反転分布状態にある材料に，そのエネルギー準位間のエネルギー差に等しいエネルギーの光が入射すると，それに刺激され，入射光と周波数，位相がそろった光が入射光とともに放出される（これを誘導放出という）。このとき，入射した光と光子数を上回る数の光子が放出される。反転分布状態が維持される限り，この材料は光を増幅し続けることが可能である。図 7.6 に光の吸収と自然放出，誘導放出との関係を示す。

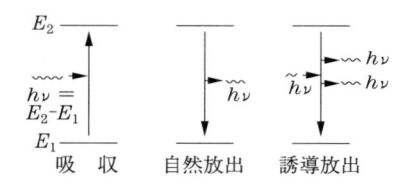

図 7.6　光の吸収と放出

　そこでレーザは，一対の反射鏡からなる光共振器の中で誘導放出させ，放出光の一部を透過させ残りの大部分を反射鏡によって再び反転分布状態の材料に戻してやる。そうすると，図 7.7 に示すように正のフィードバックがかかった状態になりレーザ発振が持続することになる。

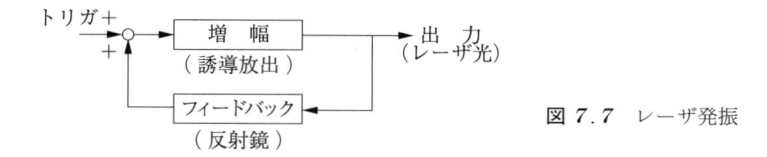

図 7.7　レーザ発振

〔2〕 **レーザ材料**　　レーザ材料としては，反転分布状態が実現できる材料であれば，気体，液体，固体のいずれでもよい。そして，誘導放出となる遷移条件やポンピングの方法については各種方法があるが，それぞれのレーザ材料に適した方法が選ばれている。

　気体レーザ材料は，原子，分子，イオンなどのいろいろな状態の気体を使用する。気体のため原子間の相互作用が少なく，そのため，種類が豊富で発振さ

れる波長の数もきわめて多く，紫外線領域から遠赤外線，ミリ波領域までと広範囲にわたっている。例えば He-Ne レーザは，ガラス管に He と Ne ガスを 5：1 程度で混合して数 mmHg の圧力で封入し放電させる。

固体レーザ材料は，レーザ発振する活性物質と活性物質を保持する役目の母体材料によって構成される。レーザ発振は母体材料に混入された活性物質によって行われる。固体レーザの主要な特徴として，非常に大きなピーク出力を得ることができることで，GW 程度の出力は容易に得られる。

液体レーザ材料は活性物質である有機色素の溶液を用いたものである。色素と呼ばれる有機化合物は，分子内に共役二重結合をもっている。この共役二重結合を形成する π 電子系の準位間遷移を利用することで，レーザ材料として使われる。液体レーザの最大の特徴は発振波長が可変であることである。

半導体レーザ材料には，電子ビームや光によるポンピングを用いるタイプと，現在では大多数を占める半導体の pn 接合を介した注入励起によるタイプの 2 タイプある。半導体レーザは，直接遷移型半導体と呼ばれる半導体材料が用いられ，他のレーザに比べ小型・軽量で効率が良く，駆動電流によって容易に直接変調できる特長をもっている。表 7.2 に，それぞれのレーザ材料のお

表 7.2　おもなレーザ材料と特性

種　類	名　　称	材　　料	発振波長〔μm〕
気体レーザ	ヘリウムネオンレーザ	He, Ne	0.63, 1.15, 3.39
	アルゴンレーザ	Ar	0.514 5, 0.488 0, 0.476 5, 0.457 9
	クリプトンレーザ	Kr	0.647 1, 0.568 2, 0.530 9, 0.476 2
	炭酸ガスレーザ	He, N_2, CO_2	10.6
	エキシマレーザ	希ガス，ハロゲンガス	0.193 (Ar, F), 0.249 (Kr, F) 0.308 (Xe, Cl), 0.353 (Xe, F)
	窒素レーザ	N_2	0.337 1
固体レーザ	ルビーレーザ	Al_2O_3, Cr^{3+}	0.694
	ガラスレーザ	ケイ酸ガラス，リン酸ガラス	1.054〜1.062
	YAG レーザ	$Y_3Al_5O_{12}$, Nd^{3+}	1.064
液体レーザ	色素レーザ	色素	広範囲(色素の種類により異なる)
半導体レーザ	InGaAsP 系レーザ	InGaAsP	1.15〜1.65
	AlGaAs 系レーザ	AlGaAs	0.68〜0.89
	InGaAlP 系レーザ	InGaAlP	0.58〜0.65

もなものを示す。

7.2.2 発光ダイオード

発光ダイオード（light emitting diode, **LED**）は，pn接合型半導体を用いた注入型の発光素子である。発光ダイオードと半導体レーザとの比較を**表7.3**に示す。

表7.3 発光ダイオードと半導体レーザ

特性など	発光ダイオード	半導体レーザ
発光メカニズム	自然放出	誘導放出
スペクトル幅	30～150 nm	5 nm 以下
出　力	1 mW 程度（低出力）	1～100 mW（高出力）
構　造	光共振器構造なし	光共振器構造あり
用　途	ディスプレイ，光通信	光通信，光記録ほか

発光ダイオードは，図7.8に示すように，p型半導体とn型半導体が接合された状態では，p側の価電子帯に多数の自由正孔（ホール）が存在し，n側の伝導帯には多数の自由電子が存在している。この状態の発光ダイオードに電圧を順方向に印加すると，pn間の障壁が小さくなるため，n側の自由電子は少数キャリヤとしてp側伝導帯へ移動し，p側の自由正孔もn側の価電子帯へ

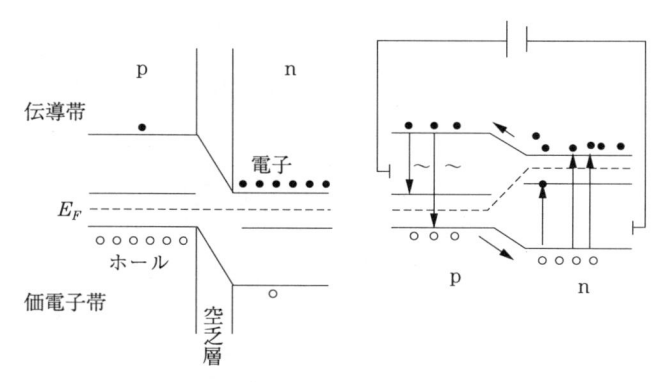

（a）印加電圧がない場合　　（b）順方向に電圧を印加した場合

図7.8　発光ダイオードの発光機構

移動しやすくなる。そして少数キャリヤがバンド間を遷移するときにエネルギーギャップに相当するエネルギーの波長の光が放出される。

発光ダイオードに用いられる材料は，半導体の種類，添加するドーピング材料により各種あり，発光色は青から赤外にわたり広く実用化されている。おもな発光ダイオードの材料を**表 7.4** に示す。

表 7.4 おもな発光ダイオードの材料

発光色	発光成質	発光波長〔nm〕	おもな用途
青	SiC	470	ランプ，ディスプレイ
緑	GaP	563	ランプ，ディスプレイ
赤	$GaAs_xP_{1-x}$	650	ランプ，ディスプレイ
赤外	AlSb	775	光通信
	GaAs	940	リモコン
	$Ga_xIn_{1-x}As_yP_{1-y}$	1 100〜1 550	光通信

7.2.3 エレクトロルミネセンス材料

高いエネルギー状態に励起された原子や分子などが自然または誘導的に低いエネルギー状態に遷移して光によりエネルギーが放出されるものを**ルミネセンス**といい，そのような物質を発光層（蛍光体）と呼ぶ。

エレクトロルミネセンス（electroluminescence，EL）は，広義には電界またはキャリヤ注入などにより発光する物質全般をいうが，狭義には電界を励起に使う方法である真性エレクトロルミネセンスを指すことが多い。**図 7.9**に，発光層を一方が透明電極になっている一組の電極で挟んだ構造のエレクト

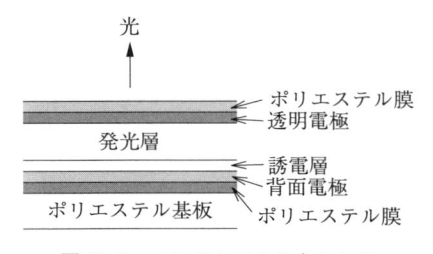

図 7.9 エレクトロルミネセンスディスプレイの構造

表 7.5 エレクトロルミネセンスの発光層材料

発光色	母体材料	添加物
青	ZnS	Cu，Cl
青緑	ZnS	Pb，Cu，Cl
緑	ZnS	Cu，Al
橙黄	ZnS	Mn，Cu
黄	ZnSe	Cu，I
赤	ZnS	Cu

ロルミネセンスを示す.

エレクトロルミネセンスはディスプレイ材料として広く用いられている.エレクトロルミネセンスの発光層の母体材料としては,発光が母体に吸収されないこと,母体が半導体であることの条件に合致する必要がある.発光層は母体としてZnS,CaS,SrSなどの硫化物やZnSeなどが用いられ,添加物としては,Cu,Cl,Pb,Mnなどが用いられている.おもな発光層材料を**表7.5**に示す.

7.3 受光デバイス材料

7.3.1 光導電材料

光の照射によって電気抵抗が変化する性質を光導電性と呼ぶ.一般に半導体は,エネルギーギャップより大きなエネルギーをもつ光を当てると,自由に移動できる電子と正孔が発生し,電荷を運ぶキャリヤが増加するので光導電材料となり得る.

効率的な光導電材料としては,光照射がないときの電流(暗電流)と光照射による電流との差が大きいほうがよい.そのため,半導体の中でも禁止帯幅が大きい材料を狭義の光導電材料と呼ぶ.おもな光導電材料には,CdS,

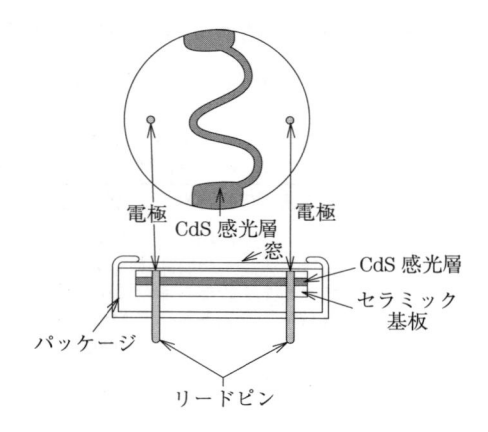

図7.10 光導電セルの構造

CdSe，PbS，PbTeなどの硫化物，セレン化物，テルル化物などがある。これらの材料は単結晶で用いられることより，受光面積を広くとるため，薄膜状の多結晶で用いられることが多い。光導電現象を利用して光の強さを検出する素子を光導電素子といい，光センサとして利用される。図 7.10 に光導電セルを示す。

7.3.2 ホトダイオード材料

ホトダイオード（photo diode）は，半導体の pn 接合面を利用する光起電力型の受光デバイスである。光が照射されると，pn 接合面にできた空乏層で電子・正孔のペアが生成し，空乏層電界によって電子は n 型領域に，正孔は p 型領域に移動する。このとき，n 型領域と p 型領域が外部回路によって短絡されていれば電流が流れ，短絡されていなければキャリヤ（電子と正孔）の生成による起電力が生じることになる。

ホトダイオードは，光通信の分野などで広く使われる受光素子で，光ファイバの伝送損失の関係より，波長が $1.3 \sim 1.6 \mu m$ 近傍の光を感度よく受光するよう，その波長に合わせた材料を用いている。通常は化合物半導体の構成材料のモル比を変化させて用いるが，小型・軽量，安定性，安価などの条件から産業用ホトダイオードにはシリコンを材料としたものが多く利用されている。

── コーヒーブレイク ──

光アクチュエータとエネルギー変換

今日では，光のもつ工学的メリットは広く認識されている。それを最大限に活用したシステムである光一貫システムを実現させるためには，システムの頭脳である光コンピュータ，目や耳などの感覚器官に相当する光センサ，そして手足に相当する駆動手段である光アクチュエータ，これらを結び付ける光ファイバが必要となってくる。これらのなかで，すでに光センサと光ファイバに関しては，実用化されており性能的にもほぼ満足できるものが存在する。また光コンピュータに関しても着実に研究は進んでおり，実用化に向けた研究も多く行われている。一方，光アクチュエータに関してはまだ基礎的な研究が多く，実用化に向けた研究・開発は少ない。

光アクチュエータは，光によって駆動エネルギーを得て動作するアクチュエータで，光エネルギーを直接に機械エネルギーに変換する直接型光アクチュエータと，光エネルギーをいったん，熱エネルギーや電気エネルギーに変換した後，さらに機械エネルギーに変えてアクチュエータとして機能する間接型光アクチュエータとがある。すなわち，光アクチュエータを実現するためには，いかに光エネルギーを機械エネルギーに変換させるかというエネルギー変換の問題が重要になってくる。

　図におもなエネルギー形態である光エネルギー，電気エネルギー，熱エネルギー，化学エネルギー，機械エネルギーの五つのエネルギー間における光アクチュエータのエネルギー変換の流れを示す。光アクチュエータの実現には，それらのエネルギー変換の流れから，実現性や効率，性能，取扱いや価格など総合的観点から検討することが大切である。

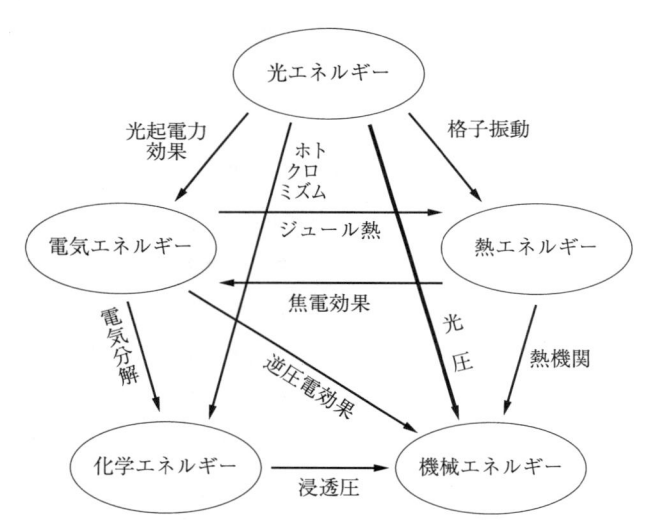

光アクチュエータのエネルギ変換関係図

　現在，実用化に際し有望と思われている光アクチュエータは，光エネルギーをいったん熱エネルギーに変換するタイプと，光エネルギーを電気エネルギーに変換するタイプである。後者のタイプでは圧電素子であるPLZTを用いた光アクチュエータが，光をエネルギー供給と信号伝達を兼ねて行えるなどの光のメリットを生かす特徴を有するため，特に注目されている。

7.4 光変調デバイス材料

7.4.1 電気光学材料

電気光学材料は強い電場により物質の屈折率が変化する**電気光学効果**を有する材料である。静電場を E_0,電場の作用していないときの屈折率を n_0 とすると,屈折率は一般に次式で表される。

$$n = n_0 + aE_0 + bE_0^2 + \cdots \qquad (7.15)$$

静電場 E_0 の大きさが非常に小さいときは $n \fallingdotseq n_0$ であるが,E_0 が大きくなるに従い,aE_0,bE_0^2 などの影響が現れてくる。この電場による屈折率の変化は電気光学効果と呼ばれる。式 (7.15) 右辺の1次の項 aE_0 による電気光学効果は**ポッケルス効果**,2次の項 bE_0^2 による電気光学効果は**カー効果**と呼ばれている。これらの効果により,外部からの電界の変化により屈折率を変えることができ,光の進路や強さの制御が可能となる。そのため電気光学効果は,光の位相や強度,偏光面などを変化させる光変調器や光スイッチなどの光制御デバイスに利用されている。

電気光学材料としては,電気光学定数が大きい,屈折率が大きい,誘電率が小さい,損失が小さいなどの条件を満たす必要がある。ポッケルス効果材料として,$LiNbO_3$,$LiTaO_3$ が一般的で,ともに電界強度 1 V/m 当りの屈折率変化量も 30×10^{-12} 程度あり,光変調材料の代表的な材料となっている。一方,カー効果は高次の非線形項であるため,その電気光学効果は小さい。そのためカー効果材料としてはあまり適した材料は少なく,透光性セラミックスとして知られる PLZT などがあるだけである。PLZT は2次の電気光学係数が 10×10^{-16} 程度あり,ほかの材料に比べ大きな値を有している。

7.4.2 音響光学材料

音響光学材料と呼ばれる材料に縦波である超音波を印加すると,材料内部に疎密の定在波が生じる。この超音波に対応して材料に発生したひずみも周期的

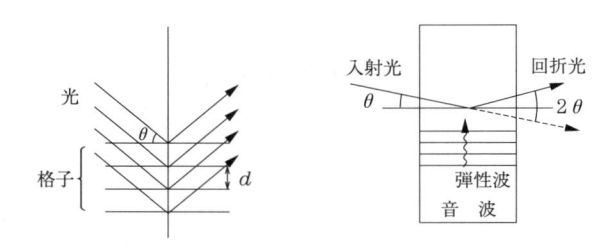

ブラッグの反射条件：$2d\sin\theta = n\lambda$，n：整数，λ：入射光の波長

図 7.11　音響光学効果

疎密が生じ，これが光の屈折率の周期的疎密を誘発する。屈折率が周期的に変化している材料に光が入射すると，**図 7.11** に示すように，光に回折格子と同じ作用を及ぼす。

　超音波による弾性波の波長がブラッグの反射条件に相当し，出射角度を変えることができる。このため，印加する超音波の振動数を変化させることにより回折光の出射角度を変えることが可能となり，光偏向が実現できる。音響光学材料としては特性の良さや結晶の作りやすさなどが重要であり，可視光領域では TeO_2，$LiNbO_3$，$PbMoO_4$ などがよく利用される。また，ガラスや水なども音響光学材料として用いることができる。

7.4.3　磁気光学材料

　光が磁性体中を伝播したり，表面で反射したりするとき，その磁界によって出射光や反射光の偏向面が回転する。このような物質中の磁気モーメントと光との相互作用である磁気光学効果を有する物質を**磁気光学材料**という。

　磁気光学効果には，発光物質に磁界を印加すると発光スペクトルが分かれる**ゼーマン効果**，磁界中に置かれた透明媒質を透過する直線偏光の偏光面が回転する**ファラデー効果**，直線偏光が磁性体などにより反射された反射波の偏光面が回転する**磁気カー効果**，磁界中に置かれた透明媒質の屈折率が変化し複屈折を生じる**磁気複屈折効果**などがある。

7.5 光ファイバ材料

7.5.1 光ファイバの構造と光伝送

光ファイバ（optical fiber）は，図 **7.12** に示すように，**コア**と呼ばれる光の伝送部と**クラッド**と呼ばれる光の反射部，そして**被覆**とからなる光導波デバイスの一種である。

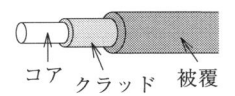

図 7.12 光ファイバの構造

光ファイバには，屈折率分布が放物形に変化するグレーデッドインデックス形と，凸形に変化するステップインデックス形とがある。また，1本の光ファイバ中を進む光の経路が複数あるマルチモード形と，ただ一通りに限られるシングルモード形がある。光ファイバの種類として大きく三種類がある。図 **7.13** に示すように光はそれぞれ異なる経路で伝送する。

グレーデッドインデックス形は，屈折率分布により湾曲しながら屈折率に応じた速度で伝送し，光の経路に関わらず伝達時間は同じになる。そのため，経

(a) ステップインデックス形
    （マルチモード）

(b) ステップインデックス形
    （シングルモード）

(c) グレーデッドインデックス形
    （マルチモード）

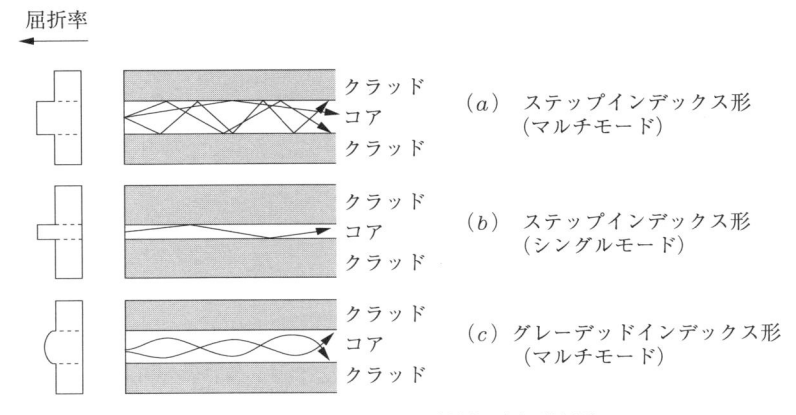

図 7.13 光ファイバの種類と光伝送経路

路の違いによるモード分散がほとんどなく，マルチモード形として使用される。ステップインデックス形はコアの屈折率が均一なため，光の伝送はコア-クラッド境界面での全反射を繰り返しながら進む。コア内の屈折率が同一なため光の進行速度は同一である。そのため，光の経路の違いにより到達時間に違いが生じる。その結果，マルチモード形での使用では，モード分散の影響により伝送帯域幅は狭くなる。

今日の光通信に用いられているのは，その多くがシングルモード形のステップインデックス形光ファイバである。このタイプの光ファイバは単一のモードのみの伝送であるため，モード分散がなく広い伝送帯域幅が得られる。

7.5.2 石英系光ファイバ

光ファイバの材料として，石英ガラスが高性能な光ファイバ材料として多く用いられている。石英は非常に低損失な光伝送特性を有している。**図 7.14**に純粋石英を用いたシングルモード光ファイバの損失スペクトルを示す。波長の短い領域ではレイリー散乱による損失，波長の長い領域では赤外吸収による損失があり，波長 $1.4\,\mu m$ あたりには OH 基による吸収があり，損失の極小領域は波長 $1.3\,\mu m$ あたりと波長 $1.55\,\mu m$ あたりの 2 箇所ある。最低損失は波長 $1.55\,\mu m$ で $0.15\,dB/km$，光通信で最も多く使われる波長 $1.3\,\mu m$ で $0.3\,dB/km$ 程度である。

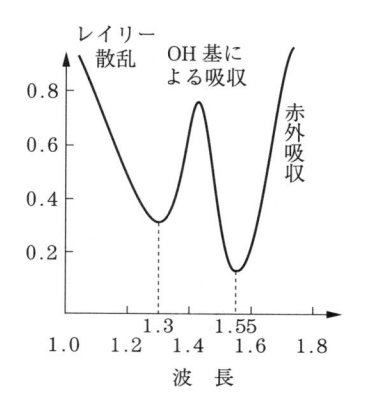

図 7.14 石英ファイバの損失スペクトル

石英ガラスは，伝送損失が小さく光ファイバ用として主流の材料となっている石英ガラスはガラス状の純粋な酸化シリコン（SiO_2）で，別名シリカとも呼ばれる。また多成分ガラスは酸化シリコン（SiO_2），酸化ゲルマニウム（GeO_2）を主成分とし，混合材料として酸化ナトリウムや酸化カルシウムなどが用いられている。伝送損失は石英ガラスより大きい（3 dB/km 超）が，製造が簡単で量産化に向いているため，石英ガラスに代えて使用される場合が多い。

7.5.3 プラスチック光ファイバ

プラスチック材料は有機系高分子材料で，コア材料，クラッド材料，被覆材料に分けられる。コア用の高分子材料（ポリマー）は，光伝送特性を直接左右するため低損失で大きな屈折率を有する材料が選ばれる。代表的なポリマーとして，ポリメチルメタアクリレート（PMMA）が用いられるが，紫外領域での電子による遷移吸収や赤外領域での分子の振動吸収によって生じる損失を低減させるため，PMMA の水素原子を重水素に置換した重水素化ポリメチルメタアクリレート（PMMA-d^5）も多く用いられる。一方，クラッド用ポリマーとしては，コア材料より低屈折率であり，コアとの密着性が良いなどの条件を満たす必要があり，フッ素系ポリマーの使用が主流となっている。

プラスチック光ファイバは，石英ガラスや多成分ガラスに比べ伝送損失の点で 30 dB/km 程度と大きく劣っているが，柔軟で曲げに強いなどの力学的性質や切断・接続などの加工性，および低価格などで，石英ガラスなどにない優れた性質をもっており，伝送損失があまり大きくならない近距離伝送などの領域で広く用いられる。

7.6 光ディスク材料

7.6.1 再生専用光ディスク

光記録にはレーザが利用されており，レーザ光により記録・再生される。光記録の方法としては，機械的形状変化として記録する方法，光のエネルギーを

熱に変えて行う方法，光の偏光など物理特性を直接利用する方法，ホログラフィーを利用する方法，光双安定素子を用いる方法などがある。

再生専用の光ディスクには，おもに機械的形状変化として記録する方法が広く使用されている。この方法は，現在のCDに代表される再生専用の記録方法で，図7.15に示すようにアルミニウムなどの金属反射膜にピットと呼ばれるくぼみを形成する。

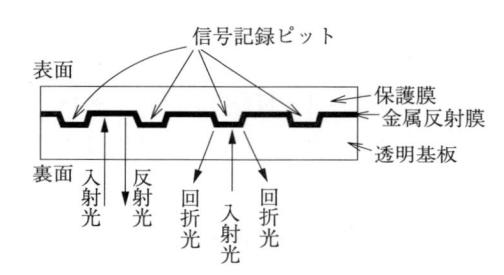

図7.15 再生専用光ディスク構造

再生はレーザ光を入射してその反射光の強弱を読み取る。入射光がピットのない場所に当たったときは光が全部反射して返って来るのに対し，ピットのある場所に当たったときには入射光の一部が回折により返って来ないことにより光の強弱が生じる。ピットが螺旋状態に形成され，その反射光の強弱を信号として読み取る。このディスクの記録は，半導体製造工程と同様に，レーザによる露光，現像を経て金属金型を製作して，透明プラスチックの成形，金属反射膜形成の後，保護膜を形成して製造する。このように再生専用光ディスクは，金型によるプラスチック成形で製造するため，大量生産が可能で安価であり，再生専用の光記録方法として広く用いられている。

7.6.2 記録可能型光ディスク

記録を新たに書き込んだり，書き換えたりできる記録形の光ディスクには多くの種類があるが，光エネルギーを熱に変えることを利用して光記録を行っているタイプがほとんどである。記録可能型光ディスクには追記可能型と書換え可能型の2種類がある。

追記可能型ディスクは，信号をディスクに記録する方法として，レーザ光により記録膜に穴をあけるタイプ，内部変形させるタイプ，相変化させるタイプなどがある．書換え可能型ディスクでは，光磁気効果によるタイプ，相変化によるタイプなどがある．記録可能型光ディスクの特徴を**表 7.6**に示す．

表 7.6 記録可能型光ディスクの特徴

ディスクの種類	記録方法	再生方法	消去方法	記録材料
追記型	穴あけ	光強度変化	—	Te-Se系, Te-Cスパッタ膜
追記型	内部変形	光強度変化	—	金属反射膜(Au, Al), シアニン色素膜
追記型	相変化	光強度変化	—	$TeO_x + Pb$
書換え型	光磁気(高温-逆磁場)	磁気カー効果	高温-正磁気	強磁性体 (MnBi, GdTbFe, TbFeCo)
書換え型	相変化(高温-急冷)	光強度変化	結晶化(低温-徐冷)	Ge-Te-Sb系, Ge-Te-Sn系, In-Sb-Te系

演 習 問 題

【1】 光通信に最も適した光の波長はいくらか．その理由も述べよ．

【2】 ある波長の光ファイバの伝送損失が0.3 dB/kmであった．光ファイバ出力端の信号が入力信号の半分になる光ファイバの長さを求めよ．

【3】 レーザ光の波長が650 nmであるとき，このレーザ光を発生させるエネルギーギャップは何eVか答えよ．

【4】 光の工学的メリットを四つ挙げ，簡単に説明せよ．

8

機能性炭素材料

8.1 機能性炭素材料とは

　炭素という言葉はだれでもよく知っている。それは化学を学ぶとき，炭素は最初に習う最も基本的な元素の一つであるからだ。炭素は私たちの体をはじめ，ほとんどの有機物質の骨格を形成する重要な元素でもある。また，木片中の同位体（質量の異なる炭素原子）の含有率を測ることで，長期の年代特定にも炭素は利用されている。

　このような炭素は周期表の第6番目に位置する軽い元素でⅣ族に属するため，最外殻（L殻）に4個の電子がある。L殻には最大10個の電子が入ることができるので，炭素原子どうしや他の原子と結合していろいろな物質を構成する。これらの物質の中で炭素原子を主成分とした無機化合物を炭素材料と呼ぶ。また，機能性材料とは，その物質の特徴的な性質を利用して実用的に役立てることのできるもののことをいう。具体的には，導電性，吸着性，機械的強度などを利用した電気材料や構造材料などがある。炭素材料の中で，このような性質をもつものを機能性炭素材料と呼ぶこととする。

8.2 炭素材料の特徴

8.2.1 炭素の同素体

　機能性炭素材料を学ぶ前に，さまざまな形態をもつ炭素について紹介しよう

8.2 炭素材料の特徴

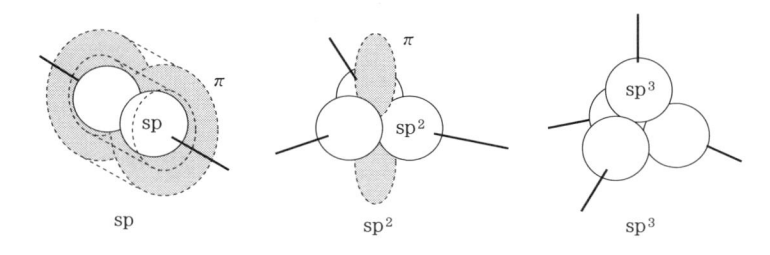

図 8.1 炭素の最外殻電子の混成軌道イメージ

[1),2)†]。炭素原子どうしの化学結合には図 8.1 に示すように sp，sp^2 と sp^3 の 3 種類の混成軌道があるため，結合の仕方によっていろいろな形や性質を表す。

炭素原子だけで形作られている異なる構造の物質を炭素の同素体といい，ダイヤモンド，グラファイト，フラーレンなどがある。ダイヤモンドとグラファイトの構造は図 8.2 のようになっている。白い球は炭素原子を，その間をつなぐ黒い線は共有結合を示している。ダイヤモンドは sp^3 混成軌道からできていて，炭素原子は共有結合している。このためダイヤモンドは 3 次元的に均質で，4 個の最外殻電子がすべて共有結合に使われており，電気が流れない。また，軽量で小さい炭素原子は原子どうしの共有結合の距離が短く 3 次元的構造でひずみにくいため，非常に硬い。

図 (a) に示した構造はダイヤモンド結晶の一つの例であり，このほかにもい

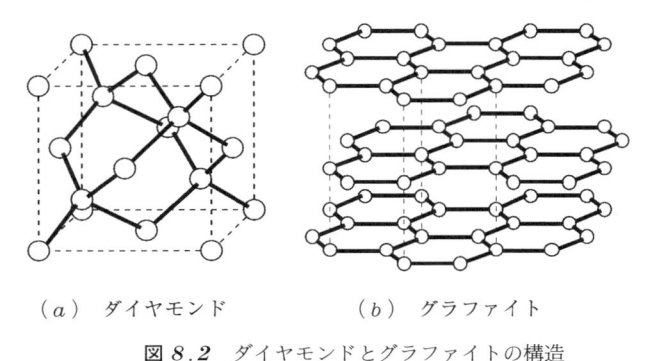

(a) ダイヤモンド　　(b) グラファイト

図 8.2 ダイヤモンドとグラファイトの構造

---

† 肩付きの数字は巻末の引用・参考文献の番号を示す。

くつかの構造をもつ[3]。比較的小さいダイヤモンド結晶は人工的に製造が可能であり[4],[5]、工業的にも利用されている。

グラファイト（graphite）は sp^2 混成軌道からなり，図(b)のように炭素原子を頂点に置いた正六角形を敷き詰めた平面（六角網平面）が並行で規則的に重なっている。六角網平面内の炭素原子どうしは共有結合で非常に強く結ばれている。また，六角網平面間は π 電子によるファンデルワールス力的な結合（π 結合）と考えられており，結合力は弱い。この π 電子は六角網平面内の π 結合間を動き回ることができるため，グラファイトは六角網平面に平行な方向に高い導電性をもつ。

フラーレン（fullerene）は炭素のこれまでの常識を打ち破る新しい構造の物質である。その代表的なものに C_{60} があり，1985 年に Kroto，Curl，Smalley らにより発見された[6],[7]。C_{60} は**図 8.3** のようにサッカーボールの形をしていて，正六角形と正五角形の各頂点に位置した 60 個の炭素原子により構成されている。C_{60} は常温で高速回転しており，超伝導性を示すことがわかっている。

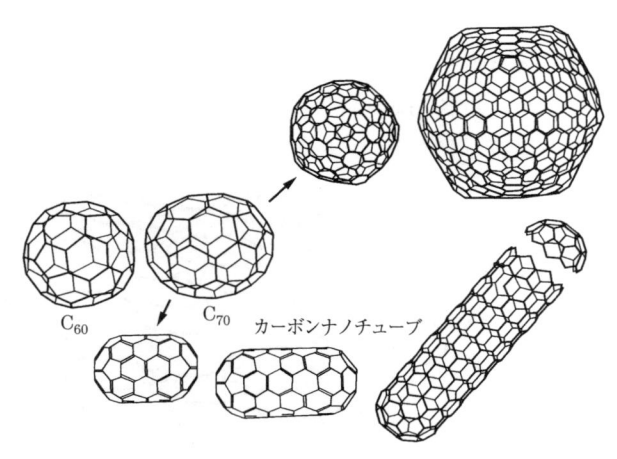

図 8.3 フラーレンとカーボンナノチューブの構造

類似な閉じた系で C_{70}，C_{82} などの存在も示され，これらを総称してフラーレンと呼ぶ。フラーレンはその表面や内部に原子，分子あるいはイオンを付加することができ，新たな物質を作り出す可能性を秘めている。Kroto ら三人の

科学者はこの発見の業績により，1996年にノーベル化学賞を授賞した。

フラーレンを細長く成長させて円筒状にしたものが，**カーボンナノチューブ**(carbon nanotube) と呼ばれる構造である（図 8.3 参照）。円筒の直径は 1～50 nm と非常に細い。炭素原子の幾何学的な結合条件によって，高い導電性のある金属的なものになったり，半導体的なものになったりするという結果が，モデルによる計算から得られている。カーボンナノチューブを使って，直径がナノメータサイズの導電線材を作ることも考えられる[†]。

8.2.2 炭素材料の性質

有機化合物や有機化学混合物を加熱すると，400 °C付近で蒸気圧の高い物質は排出され，炭素原子で構成された炭素体が残る。この過程を炭素化という。炭素化した炭素体を 2 000 °C以上で加熱すると，炭素の六角網平面が成長するとともに，規則的に積層し，グラファイト構造に近づく。これを**黒鉛化**と呼ぶ。

電子的にはダイヤモンドは絶縁体であるが，その他は半導体的性質からグラファイトでは金属的な導電性を示し，一般的には電気を流す良導体といえる。熱的性質としては，例えばグラファイトは六角網平面に垂直な方向には熱が伝

コーヒーブレイク

物質の色と導電性

ダイヤモンドとグラファイトはどちらも炭素原子からできているが，ダイヤモンドは絶縁体で，グラファイトは高い導電性をもつ。また，結晶性の低い炭素材料は中間的な導電性を示す。これらの物質の色を見ると，ダイヤモンドは透明で，結晶性の低い炭素材料は黒く，グラファイト結晶に近づくとしだいに金属的な色に変化する。これは原子の結合の仕方によって原子核の位置とこれらを取り巻く電子雲の形が変わり，光の透過率，吸収率，反射率が変化するためと考えられる。炭素材料以外でも，色素を含むものは別にして，ガラスやアクリルは，それ自体の色が透明で電気を通さず，鉄，アルミニウムなど金属はよく電気が流れる。私たちの身の回りで，このような物質の色と導電性の関係を探してみよう。

[†] 集積回路（IC）の配線パターンの幅が最も小さいものでも 0.1 μm（1 μm＝1 000 nm）程度であるので，カーボンナノチューブは最小の線材といえよう。

わりにくく，平行な方向には伝わりやすい。また，加熱しても形状が変化せず，耐熱性が高い。原子番号が小さく原子そのものが軽い炭素原子によりできている炭素材料は非常に軽く，六角網平面方向に機械的に高い強度をもつ。化学的にも他の物質に比べて安定である。

8.3 カーボンファイバ

8.3.1 特徴

炭素により構成された繊維状の物質を**カーボンファイバ**（carbon fiber）と呼ぶ。その大きさはさまざまであるが，直径およそ 10 μm ほどのものが多い。カーボンファイバは炭素材料の特徴を兼ね備えた繊維である。すなわち軽く強く，高い弾性率を示すうえに，導電性をもっている。

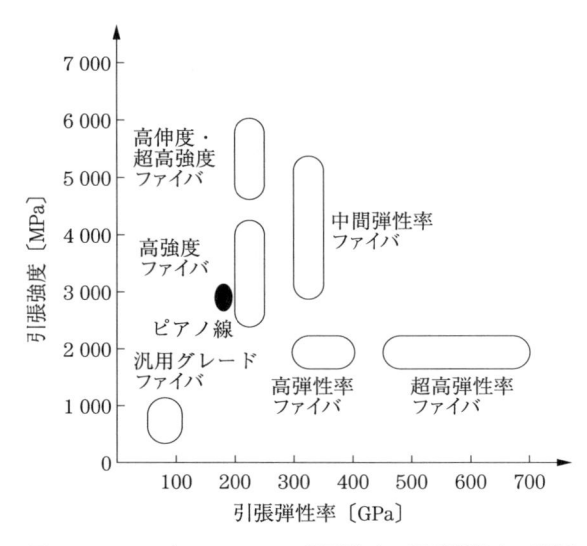

図 8.4 は各種タイプのカーボンファイバの引張強度と引張弾性率の関係である。図中にピアノ線（鋼鉄）の強度もあわせて示している。炭素繊維が非常に強いことがわかる。

図 8.4 カーボンファイバの引張強度と引張弾性率の関係

8.3.2 分　　　類

カーボンファイバはもととなる材料（前駆体）により分類される。衣料用にも用いられるポリアクリルニトリル（PAN）繊維を炭素化したPAN系カーボンファイバ，ピッチ†を紡糸して炭素化したピッチ系カーボンファイバ，あるいはベンゼンなどの気体を電気炉内で熱分解して繊維状に成長させた気相成長カーボンファイバ（VGCF）などがある。炭素化は空気をアルゴンなどの不活性ガスに置換した不活性雰囲気中で熱処理して行われる。このようにして作られたカーボンファイバを高温処理することにより，さらに高強度なファイバが製造される。

PAN系カーボンファイバはポリアクリルニトリル繊維を炭素化して製造されることから，もともと繊維状をしている。近年，改良が加えられて特性が飛躍的に向上したため，工業的に広く用いられている。これらの特性の向上は原材料の改良によるところが大きいと考えられているが，その詳細は公表されていない。カーボンファイバ開発初期にはレーヨン繊維を材料としたカーボンファイバも生産されたが，コスト面で現在は工業用としてあまり使われていない。

ピッチ系カーボンファイバは，原料となるピッチの種類により二つに分類される。一つは等方性ピッチから製造されるもので，原料が等方的で均質なため，紡糸が容易である。他の一つは偏光顕微鏡で研磨面を観察すると，光学的異方性を示すメソフェーズピッチから製造される，メソフェーズピッチ系カーボンファイバである。等方性ピッチからは汎用的な用途に使われるファイバが製造され，より高強度なファイバはメソフェーズピッチ系原料から作られる。メソフェーズピッチ系炭素材料の内部には複数の組織が混在する[8]。

図8.5は熱処理過程におけるメソフェーズピッチ系炭素材料の偏光顕微鏡写真である。図(a) 350℃付近では，異方性領域①の中に等方性の球状組織（ドロップレット）②が多数見られる。図(b) 450℃前後では，大きく成長したドロップレット②の中に光学的異方性を示すメソフェーズ球③が発生

---

† 石油や石炭を原料として製造されるもので，あらゆる方向に均質な等方性ピッチと特定の方向に配向性をもつメソフェーズピッチとがある。

120   8. 機能性炭素材料

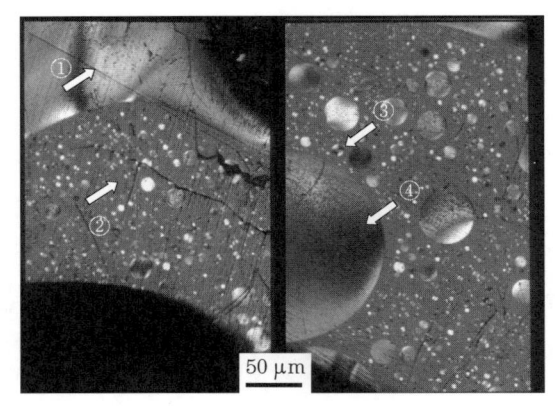

① 異方性領域，② 等方性部分，③ メソフェーズ球，④ メソフェーズ球どうしが結合した大きな球

（a） 350 ℃付近　　（b） 450 ℃付近

図 8.5　メソフェーズピッチ系炭素材料の偏光顕微鏡写真

し[9]，いくつかのメソフェーズ球が結合したと考えられる大きな球状組織④が現れている。等方性部分の外側にはさらに大きな異方性領域がある。これらを紡糸してさらに高温で熱処理し，炭素化および黒鉛化することにより，大きく配向した組織をもつ高強度のカーボンファイバが製造される。

メソフェーズピッチ系カーボンファイバは紡糸方法により，その断面組織が変わり，強度に大きく影響する。**図 8.6** は各種メソフェーズピッチ系カーボンファイバの断面の**走査型電子顕微鏡**（scanning electron microscope,

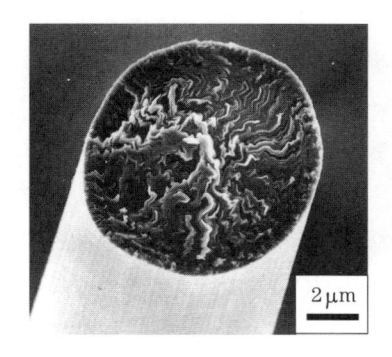

図 8.6　メソフェーズピッチ系カーボンファイバの断面の走査型電子顕微鏡写真

図 8.7　気相成長カーボンファイバの断面の走査型電子顕微鏡写真

SEM）写真である．断面に見られる縞は繊維軸方向に配向して発達した微細繊維組織（フィブリル）で，カーボン導電ファイバの強度を大きくしている．

気相成長カーボンファイバ（VGCF）はほかのファイバとは製造法とその構造が異なっている．VGCF は直径 10 nm ほどの鉄超微粒子を触媒として，ベンゼンやメタンなどの炭化水素を気相熱分解することによって作られる[10),11)]．断面の SEM 写真を図 8.7 に示す．

VGCF の横断面は円形であり，炭素原子の六角網平面（網平面）の微細片が同心円筒状に連なって木の年輪状の組織を形成している．したがって，VGCF の網平面はたがいに平行で，繊維軸方向に優先的に配向している．VGCF は特性上も興味深い点が多く，炭素材料の研究や応用面において注目されるファイバである．

8.3.3 用　　　途

カーボンファイバは非常に細く小さいため単独で使われることはまれで，おもにほかの材料の中に混合して，複合材として利用される．カーボンファイバ複合材はカーボンファイバの高い強度と弾性率や軽量性，耐久性，耐食性を利用した画期的なもので，日常生活への利用や工業材料として技術革新に大きく役立っている．以下におもなカーボンファイバ複合材を挙げる．

〔1〕　**カーボンファイバ強化樹脂複合材**　　スポーツ・レジャー用として**カーボンファイバ強化樹脂複合材**（carbon fiber reinforced plastics, CFRP）はよく知られており，その高い強度と弾性率および軽量性を利用してテニスやバドミントンのラケット（図 8.8），スキー板やストック，釣り竿，ゴルフクラブ，ボートやヨットの船体などに用いられている．カーボンファイバが用いられるようになったことで，各スポーツの技術や競技スタイルに大きな変化をもたらした．

CFRP は，また，航空・宇宙用として欠かせない材料になっている．航空機の機体や主翼，人工衛星やロケットに強度，軽量性，耐疲労性，寸法安定性を備えたカーボンファイバが用いられている（図 8.9）．

122   8. 機能性炭素材料

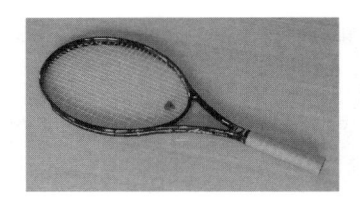

図 8.8 カーボンファイバを使ったテニスラケット

図 8.9 航空機の機体や主翼にもカーボンファイバが使われている

その他，カーボンファイバはその特性を生かして，自動車のエンジンやプロペラシャフト，産業用ロボットなど各種産業に使われている。環境問題に関連して自動車の車体にカーボンファイバを用いれば，車体が軽くなり，省エネルギー化が実現できる。車体用にはカーボンファイバは高価なため現在あまり使われておらず，実用化には今後低価格なカーボンファイバの開発が必要である。

〔2〕 **カーボンファイバ強化コンクリート**　　コンクリートの強度に比べ**カーボンファイバ強化コンクリート** (carbon fiber reinforced concrete, CFRC)の強度は非常に高く，体積比にして2％ほどの短繊維のカーボンファイバを混合することにより，コンクリートの破断強度を大きく向上できる。また，コンクリートのみでは脆性破壊すると考えられるが，カーボンファイバを加えることにより靭性をもたせることもできるだろう。ビルディング建築にCFRCを用いれば，コンクリートの強度が高くなるため壁面を薄くでき，建造物の重量が軽くなる。このため高層建築やビル設計の自由度が向上するとともに，大幅に建設工期を短縮できる。**図 8.10** にCFRCを使った建造物の例を示す。

〔3〕 **カーボンファイバ/カーボンコンポジット**　　炭素材料は一般に金属と比べて脆く，脆性的に破壊する。そのため，炭素材料の高い機能を生かし，かつ靭性をもたせるため，カーボンファイバで強化した炭素材料である**カーボンファイバ/カーボンコンポジット** (carbon fiber reinforced carbon, C/C) が考案されている。C/Cの特徴は高い破壊強度と弾性率をもち，これらの機能を3 000 ℃もの高温まで維持できることである。用途は航空・宇宙分野から鉄道・車両などがあり，今後広く普及するものと考えられる。実際にスペー

図8.10 CFRCを用いた建造物
（恵比寿ガーデンプレイス，㈱
エフ・アール・シー提供）

図8.11 スペースシャトルに
使われているC/C

スシャトルが帰還するときの大気圏突入用の耐熱材として，翼や機体先頭部分，ロケットノズルなどに使われている（**図8.11**）。航空機のエアバスのブレーキディスクにも使われ，効果を上げている。宇宙開発事業団が開発中の宇宙往還機HOPEの機体への使用も計画されている。

カーボンファイバの混合材料として上記のもの以外に，**カーボンファイバ/セラミックスコンポジット**（carbon fiber reinforced ceramics）などが母材料を増強するために用いられる。また，カーボンファイバ以外の炭素との混合物であるカーボン/金属カーバイトコンポジットについても，研究が行われている。

コーヒーブレイク

カーボンファイバを用いた建物

カーボンファイバは吸・放湿性があるため，CFRCを建造物の内壁に用いれば，湿度が高くなると水分を吸収し，湿度が低くなると水分を放出する湿度調節機能をもたせることも可能である。さらにCFRCは良好な断熱性があるので，冷暖房においてエネルギー効率の向上が考えられる。また，カーボンファイバは導電性があるので，CFRCの導電性を利用して外界からの電波の遮断（電磁シールド）ができる。逆にCFRCの電気抵抗を利用し電流を流すことで屋内を暖房することができないだろうか？

8.4 多孔質炭素材料

8.4.1 活性炭

　天然の石炭は内部に気孔をもった多孔質炭素材料であり，吸着機能などがある。これらの性能を上げるため，積極的に多孔質化したものが活性炭として知られている。多孔質化することを賦活と呼び，薬品あるいは CO_2 や H_2O などのガスと炭素材料を混合・加熱して賦活する。賦活された多孔質炭素材料は，その内部に多数の細孔が形成されている。

　細孔は径の大きさによりマクロ孔（50 nm 以上），メソ孔（2～50 nm），ミクロ孔（2 nm 以下）に分類されている。このように細孔は非常に小さいため，**高倍率**の**透過型電子顕微鏡**（transmission electron microscope，TEM）によってのみ観察が可能である。TEM により撮影した細孔像を図 8.12 に示す。明るく見える部分が細孔と考えられる。

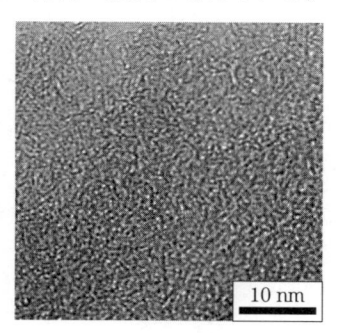

図 8.12　活性炭の透過電子顕微鏡写真

　活性炭（carbon particle）は非常に小さいグラファイトミクログラファイトを最小単位としたアモルファス構造[†]であり，ミクロ孔は凝集したミクログラファイト間の間隙と考えられている。これらの凝集ユニットが集まり，ユニット間の間隙がさらに大きいメソ孔やマクロ孔を形成している。気体吸着法（BET 法など）により，活性炭の比表面積は大きいもので 3 000 m^2/g にもなることがわかっている。活性炭が巨大な比表面積をもつ理由は，マクロ孔からメソ

[†] アモルファス，非晶質。

孔,メソ孔からミクロ孔と空孔(細孔)がつながり,複雑な3次元的構造をしているためと考えられているが,その詳細はわかっていない。BET法やTEM像の画像解析により,細孔はフラクタル構造[†1]をなしていると推定されている[13),14)]。

8.4.2 活性炭素繊維

カーボンファイバを水蒸気などで賦活して,非常に小さい気孔を多数あけたものが**活性炭素繊維**である。活性炭素繊維はメソ孔が繊維表面から内部に向かって形成され,その先がミクロ孔へとつながっている。このため吸着に作用するメソ孔やミクロ孔に気体や液体がすぐに到達できるため,活性炭素繊維は活性炭に比べて脱吸着速度が早い。繊維状であるため扱いやすく,フェルト状をはじめいろいろな形態に加工できるなどの利点があるが,活性炭に比べて高価である。

8.4.3 用　　　　途

多孔質炭素材料は気体や液体の優れた吸着効果や触媒機能があり化学的にも安定であり,高温でも利用できるため,公害防止に役立っている。例えば,塗装工場や印刷工場で排出される揮発性物質の回収,除去,大気汚染物質や悪臭ガスの除去,ガスの分離,濃縮,回収,上下水処理,家庭用浄水器などに広く利用されている。

特に活性炭素繊維は高比表面積と導電性を生かして,**電気二重層キャパシタ**の電極に利用されている(図 **8.13**)[†2]。電気二重層キャパシタはファラド単

[†1] フラクタルとは雲や地形のように基準がないと大きさがわからない,特徴的な長さをもたない図形や現象などの総称で,1975年にMandelbrotにより作られた言葉である。1次元,2次元,3次元というような整数次元からはみだした非整数値をとる次元をまとめてフラクタル次元と呼ぶ[15)]。例えば,直線の次元は1であるが,平面内においてフラクタル次元Dは曲線の曲がりの度合を示し,1~2の値をとる。曲線が複雑さを増すとDは2に近づく。

[†2] 図に示した電気二重層キャパシタはいずれも1Fの容量がある。電子機器やコンピュータなどのIC基盤に使われているバイパスコンデンサの容量は,通常0.1μF程度であるから,これに比べて1Fの電気二重層キャパシタは1千万倍もの超巨大な静電容量をもっている。

図 8.13　電気二重層キャパシタ（どちらも 1 F の容量がある）

位の非常に大きい容量をもち高速充放電ができるため，情報機器の電源の一部に利用され，今後電気自動車や電力用にも応用が期待できる。

8.5　その他の炭素材料

8.5.1　グラファイト層間化合物

8.2.1 項で述べたようにグラファイトは六角網平面が重なった層状構造をしている。この層間に原子，分子，イオンを取り込んで作られた化合物を**グラファイト層間化合物**（graphite intercalation compound, GIC）[16] という。層間に取り込む物質（インターカレート）により GIC は，超伝導材料から半導体，電気を通しにくい材料に変化する。図 8.14 に GIC の構造のモデルを示す。

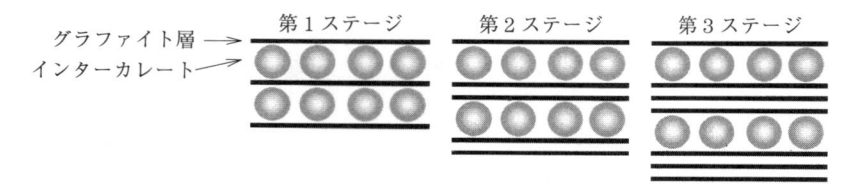

図 8.14　グラファイト層間化合物の構造

網平面のすべての層間にインターカレートが入った構造を第 1 ステージ，2層ごと 3 層ごと，さらにそれ以上の n 層ごとにインターカレートが入った構造をそれぞれ第 2，第 3，第 n ステージと呼ぶ。インターカレートの選択やス

テージ数を制御することにより，GIC は将来要求される厳しい条件を満たす材料となる可能性がある。

8.5.2 高密度グラファイト

炭素材料の優れた特性を生かしつつ，自由な形に整形したものが**高密度グラファイト**である。これは微粒コークスをピッチなどのバインダを使って冷間静水圧プレス法（CIP 法）により製型したのち，焼成・ピッチ含浸を繰り返すことにより製造される。このようにして作られた高密度グラファイトは等方的であり，任意の形状の加工や大型化が可能であるため放電加工電極に利用されるほか，耐熱性，軽量，核特性を利用して原子炉用構造材に使用されている。また，電気抵抗率が等方的で機械的強度が大きく，精密加工が容易，高純度化が可能でシリコン結晶中で電気的な不純物となりにくいなどの理由から，半導体製造用の各種冶具として新たな大量使用の用途が広がっている。

高密度グラファイト以外の等方性カーボンとしては，ナノメータサイズの六角網平面でできた粒子を集合させて作られたガラス状カーボンがあり，半導体関連，電池関連，OA 機器部材などに使われている。

演 習 問 題

【1】 炭素材料の基本的な特徴を述べよ。

【2】 図 8.2 に示すダイヤモンド，グラファイトのそれぞれの結晶において対称に切る面はいくつあるか。

【3】 カーボンファイバを分類し，複合材として使われる理由を述べよ。また，カーボンファイバを使った複合材の例を挙げよ。

【4】 私たちの身の回りで使われている活性炭の応用品を列挙するとともに，その機能と性能を調べよ。

【5】 カーボンナノチューブについて調べ，その将来性について論ぜよ。

9

材料評価技術

9.1 は じ め に

　これまでの章では，基本的な物性や各種材料の特性について述べてきた。この章では，材料の基本特性の評価法（試験法）について述べる。基本特性としては，便宜上一般分析，電気的特性，光学的特性，機械的特性に分類してあるが，各特性値は，これらの分類の枠組みを越えて相互に関係があり，いくつかの評価値（試験結果）を基準として総合的に材料特性評価を行うことが好ましい。

9.2 材 料 一 般 分 析

9.2.1 X 線 回 折[1)]

　X線回折装置（X-ray diffractometer）は，結晶の原子間隔に近い波長の波，すなわち波長が 0.06〜0.3 nm 程度の X 線（電磁波）を利用して，結晶材料の構造解析，含まれる結晶相の同定，化学組成定量分析，格子定数の測定，残留応力の測定などを行う装置であり，材料の解析には不可欠な装置である。試料として，全体が一つの結晶粒と見なせる単結晶を用いる場合と微細な結晶粒が多数集合した多結晶を用いる場合とがあるが，ここでは，最も汎用されている多結晶試料の解析法について述べる。

　〔*1*〕 **ブラッグの回折条件**　　図 *9.1* に示すように，いま，波長 λ の位相

9.2 材料一般分析

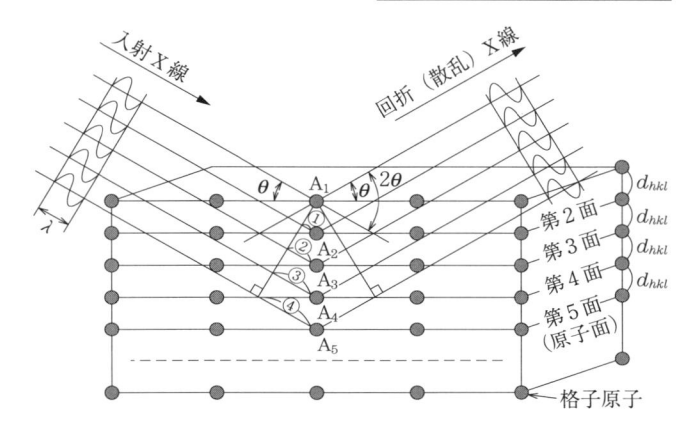

図 9.1 ブラッグの回折条件

のそろった X 線が，あるミラー指数（hkl）をもつ結晶格子面の面間隔 d_{hkl} をもつ結晶に入射角 θ で進入したと仮定する。

試料表面第 1 面の A_1 原子に当たった X 線は，四方に散乱される。同様に，第 2，第 3，第 4 面に当たった入射 X 線も四方に散乱される。いま，反射角 θ の方向に散乱された X 線の四つの波の合成波を考えると，第 2 面の A_2 原子で散乱された波は $2d_{hkl}\sin\theta$，第 3 面の A_3 原子で散乱された波は $2\times(2d_{hkl}\sin\theta)$，第 4 面の A_4 原子で散乱された波は $3\times(2d_{hkl}\sin\theta)$ の経路差（以上，それぞれ図中の①，②，③の長さの 2 倍に対応）だけ長く伝播したことになり，第 1 面の散乱波よりも減衰と位相遅れが生じることになる。経路差が小さいので波の減衰を無視すると，位相差については，経路差が X 線波長 λ の整数倍の条件のとき，すなわち，式 (9.1) に示すように，$(2d_{hkl}\sin\theta)$ が $n\lambda$（n，整数）であるとき，それぞれの散乱波の位相は反射ビーム上の任意の一面でそろうことになり，これらの波の合成波は強め合う。この関係を**ブラッグの法則**（Bragg's law）という。

$$2d_{hkl}\sin\theta = n\lambda \tag{9.1}$$

反射角 θ 以外の方向については，それぞれの散乱波の位相がそろわないため，合成波は干渉し弱め合う。

反射角は θ 方向であるが，入射角 θ 方向を基準とした場合の反射方向は 2θ

となるため，2θ を**回折角**（diffraction angle）と呼ぶ．

実際の測定では，n がわからないので式 (9.1) を式 (9.2) のように書き直し，式 (9.3) を用いて解析を行っている．

$$2\left(\frac{d_{hkl}}{n}\right)\sin\theta = \lambda \text{ [m]} \tag{9.2}$$

$$2d\sin\theta = \lambda \text{ [m]} \tag{9.3}$$

〔2〕**X 線の発生**　図 9.2 に，X 線の発生原理を示す．図 (b) に示すように，タングステンフィラメントに電流を流し，ジュール熱を発生させてフィラメントより多量の熱電子を発生させる．

陰極（W フィラメント）と陽極（金属ターゲット）との間にバイアスされ

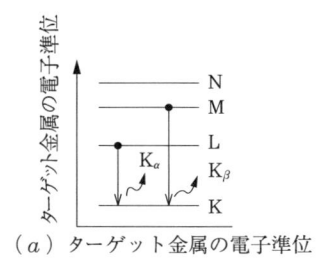

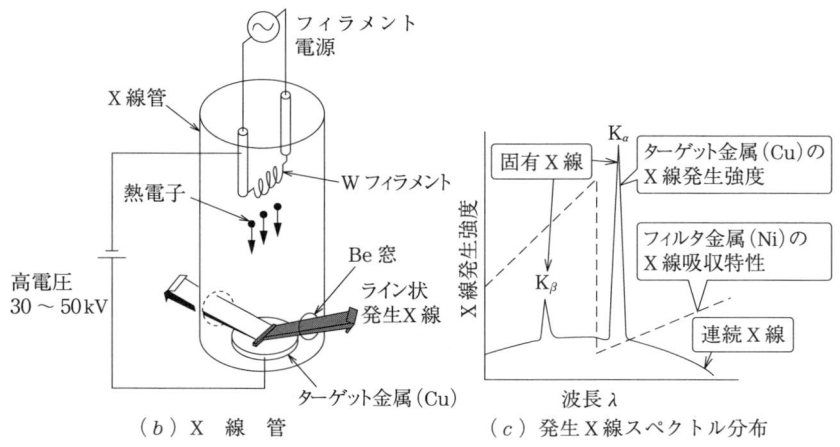

図 9.2　X 線の発生原理と K_α 固有 X 線の抽出

た 30～50 kV 程度の直流高電圧によって強い電界が陽極から陰極の向きに発生しているので，発生した熱電子は電界と逆向きの力が働き，ターゲット金属に衝突してターゲット表面の金属原子を励起する．励起されたターゲット金属は，一般に波長（エネルギー $E = h\nu = h(c/\lambda)$ の関係より，波長をエネルギーといい換えてもよい．ただし，h：プランクの定数，ν：振動数，c：光速，λ：波長）とともに連続的に変化する**連続 X 線**とターゲット金属固有で，ある特定の波長で急峻なピークをもつ K_α, K_β などの**固有 X 線**（**特性 X 線**），両者を同時に発生する（図(c)）．

連続 X 線は，加速された電子がターゲット金属に衝突し，急に減速されることによって現れる．一方，固有 X 線である K_α および K_β 線は，ターゲット金属原子内での K，L，M 殻などの電子準位のうち，電子がそれぞれ L→K 殻，M→K 殻にエネルギー準位を下げるときに放出する X 線電磁波で，波長が一定で強い強度を示す（図(a)）．

X 線回折装置では，単一の波長（単色ともいう）を用いて結晶構造を解析する場合が多い．したがって，固有 X 線を取り出すことが必要となる．この場合はフィルタ金属（連続 X 線を効率良く吸収する薄い金属板）に，発生した X 線を通過させる．表 9.1 に，代表的ターゲット金属とその $K_{\alpha1}$, $K_{\alpha2}$ 線の波長（強度比約 2：1），フィルタ金属の組合せ例を示す．通常の物質の解析には Cu ターゲットを使用することが多いが，鉄系材料の解析にこれを用いると

表 9.1 代表的ターゲット金属と固有 X 線の波長

ターゲット金属	$K_{\alpha1}$ 固有 X 線の波長〔nm〕	$K_{\alpha2}$ 固有 X 線の波長〔nm〕	フィルタ金属	用　　途
Mo	0.070 930 0	0.071 359 0	Zr	鉄系試料，X 線吸収係数の大きい試料
Cu	0.154 056 2	0.154 439 0	Ni	ほとんどの試料（鉄系を除く）
Co	0.178 896 5	0.179 285 0	Fe	鉄系試料
Fe	0.193 604 2	0.193 998 0	Mn	鉄系試料
Cr	0.228 970	0.229 360 6	V	鉄系試料

バックグランドノイズが高くなるため, Mo, Fe, Cr, Co などが用いられている。

〔**3**〕 **X線回折装置**　　分析に用いる試料が粉末状の結晶, またはバルク材や膜の多結晶体の状態でX線回折を行う場合を粉末法と呼び, 広く用いられている方法である。

試料は, 粉末の粒度が粗い場合, めのう乳鉢やアルミナ乳鉢を用いて10 μm以下に粉砕しておく。鉄乳鉢を用いて粉砕した場合は, 酸などを用いて鉄分を溶かしてろ過し, 十分水洗後乾燥しておく。バルク材の場合は, 平面部分

(a) ゴニオメータ

(b) 多結晶試料の回折

(c) ディフラクトメータ

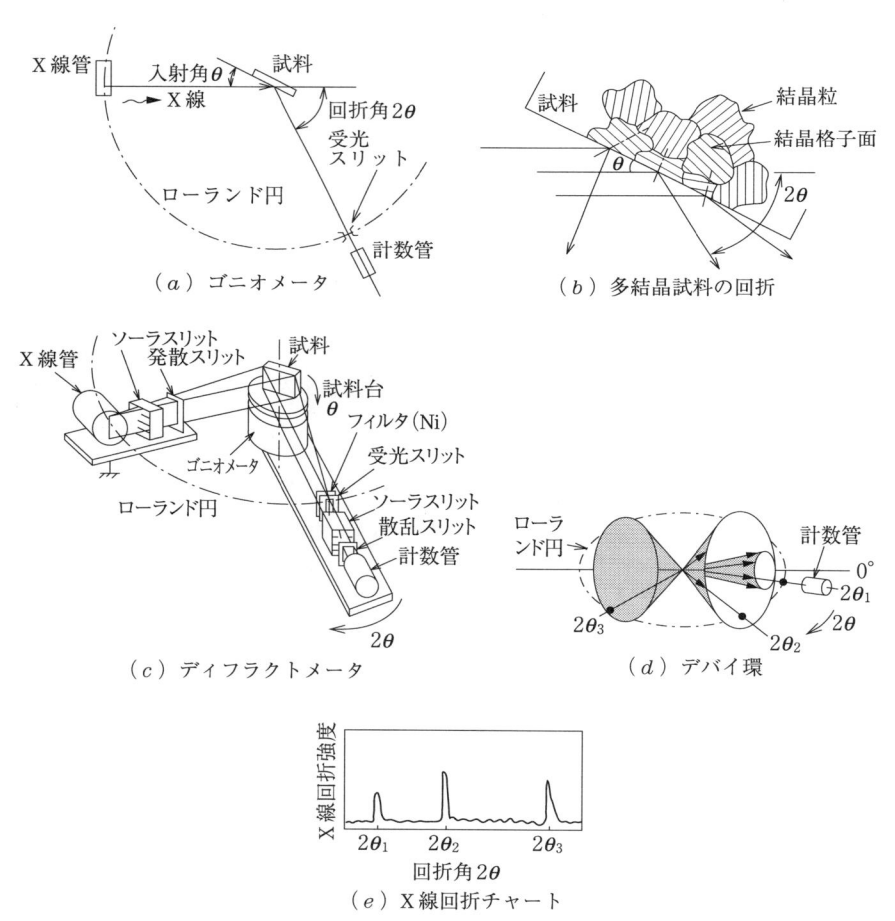

(d) デバイ環

(e) X線回折チャート

図 **9.3**　X線回折装置（ディフラクトメータ）

があるものを用いる。

図 **9.3** に X 線回折装置を示す。粉末あるいは多結晶体では，結晶粒の数が無数に存在し，(hkl) 面の面間隔 d_{hkl} をもつ格子面が，あらゆる方向に向いていると考えられる。したがって，(hkl) 面に対して入射角 θ で入る波長 λ の単色 X 線は，ブラッグの回折条件を満たした場合入射 X 線に対して 2θ の方向に回折されるが，格子面の方向があらゆる方向に向いているため，回折方向は，半頂角 2θ ($2\theta < 90°$ のとき)，または，半頂角 ($180° - 2\theta$) ($2\theta > 90°$ のとき) の円錐の側面方向となる。したがって，ゴニオメータと呼ばれる，入射角と回折角がつねに θ と 2θ の関係を保ちつつ連動させる機構を用いた X 線回折装置を用いて，回折角の大きさと回折ピークの強度を測定すれば，結晶構造の解析が可能となる。

〔4〕 **窒化チタン（TiN）サンプルの例**　表 **9.2** に，岩塩（NaCl）型構

表 **9.2** TiN 結晶の X 線回折データ（JCPDS 38-1420 による）

面間隔 d〔Å〕	回折強度	結晶面 (hkl)
2.449 2	72	111
2.120 7	100	200
1.499 7	45	220
1.278 9	19	311
1.224 5	12	222
1.060 4	5	400
0.973 0	6	331
0.948 5	14	420
0.865 8	12	422
0.816 4	7	511

結晶系：立方晶，Fm3m(225)
格子定数 a：4.241 73(12)
〔注〕 1Å = 0.1 nm

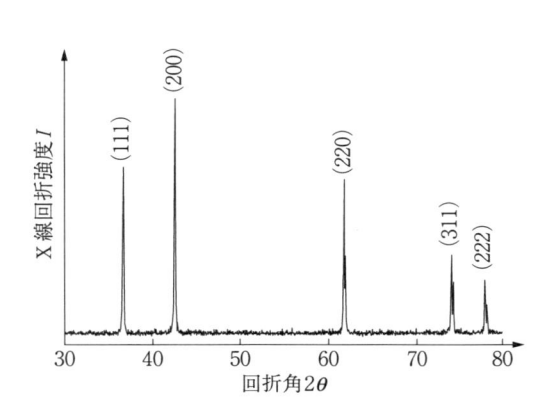

図 **9.4** TiN 結晶粉末の X 線回折図

造をもつ TiN 結晶の粉末の X 線回折データ（JCPDS カードによる）と，**図 9.4** に CuK$_{\alpha 1}$ 線を用いた実際の回折例を示す。

　結晶構造により，回折条件を満足する回折角 2θ やピーク強度が変わるので，物質ごとにあるいは同じ組成でも結晶構造が異なる（すなわち，多形をとる）場合は結晶構造ごとに JCPDS カードが準備され，面間隔，回折強度，ミラー指数で表した回折結晶面（hkl），結晶構造名などが一覧表で示されている。この表に記載されている回折角とピーク強度を基準として，実際の試料の

表 9.3　各結晶系における基本構造と（hkl）面の面間隔

結晶系	基 本 構 造	面間隔 d
立方晶 （cubic）	3軸すべて等しく角度90°	$\dfrac{1}{d^2} = \dfrac{h^2 + k^2 + l^2}{a^2}$ hkl：ミラー指数 d：（hkl）面の面間隔 a：格子定数
正方晶 （tetragonal）	2軸等しく角度90°	$\dfrac{1}{d^2} = \dfrac{h^2 + k^2}{a^2} + \dfrac{l^2}{c^2}$ a：x, y 軸方向の格子定数 c：z 軸方向の格子定数
六方晶 （hexagonal）	2軸等しく角度は120°，90°，90°	$\dfrac{1}{d^2} = \dfrac{4}{3}\left(\dfrac{h^2 + hk + k^2}{a^2}\right)$ 　　$+ \dfrac{l^2}{c^2}$
斜方晶 （orthorhombic）	3軸すべて異なり角度90°	$\dfrac{1}{d^2} = \dfrac{h^2}{a^2} + \dfrac{k^2}{b^2} + \dfrac{l^2}{c^2}$ a：x 軸方向の格子定数 b：y 軸方向の格子定数 c：z 軸方向の格子定数

回折パターンを比較することにより，物質を同定する。

物質 A と物質 B が，それぞれの結晶構造を保ったまま混在した状態では，その物質量に応じて物質 A の回折図と物質 B の回折図の重なったものが現れる。これを解析することによって，① 物質 A および B が含まれていること，② 組成がわかっている標準試料の回折強度と比較することにより，物質 A および B の組成定量分析を行うことなどができる。また，もし，物質 A と B が化合して別な結晶構造 C となる場合は，物質 A および B の回折線は現れず，物質 C だけの回折線が観察される。

結晶構造は，立方晶，正方晶，六方晶，斜方晶など計 7 種類に分類されるが，**表 9.3** に格子定数 a, b, c と，ミラー指数 (hkl) 面の面間隔 d の関係を上記のうち 4 種類について示す。

例題 9.1 $CuK_{\alpha 1}$ 線を用いて，X 線回折装置により TiN 微結晶粉末の X 線回折分析を行ったところ，回折角 2θ が $108.60°$ のときピークが現れた。この回折面のミラー指数 (hkl) を求めよ。また，この回折面より TiN 結晶の格子定数を求めよ。

【解答】 $CuK_{\alpha 1}$ 線の波長 λ は，**表 9.1** より 0.154 056 2 nm であるから，ブラッグの回折条件式 (9.3) より，次式のように求まる。

$$d = \frac{\lambda}{2\sin\theta} = \frac{0.154\,056\,2}{2 \times \sin(108.60°/2)} = 0.094\,852\ [\text{nm}]$$

ゆえに，面間隔は 0.094 852 nm で，この面間隔に対応するミラー指数は，$1\text{Å} = 0.1$ nm の換算式を用いて**表 9.2** より (420) 面である。

TiN は立方晶系で，格子定数 a，ミラー指数 (hkl)，面間隔 d の関係は，**表 9.3** に示される。格子定数 a は

$$a^2 = d^2(h^2 + k^2 + l^2) = 0.094\,852^2(4^2 + 2^2 + 0^2) = 0.179\,938\ [(\text{nm})^2]$$

ゆえに，$a = 0.424\,19$ nm と求まる。 ◇

9.2.2 電子顕微鏡

[1] 透過型と走査型 電子顕微鏡[2]を大別すると透過型と走査型の 2 種類があり，それぞれの基本原理を**図 9.5** に示す。

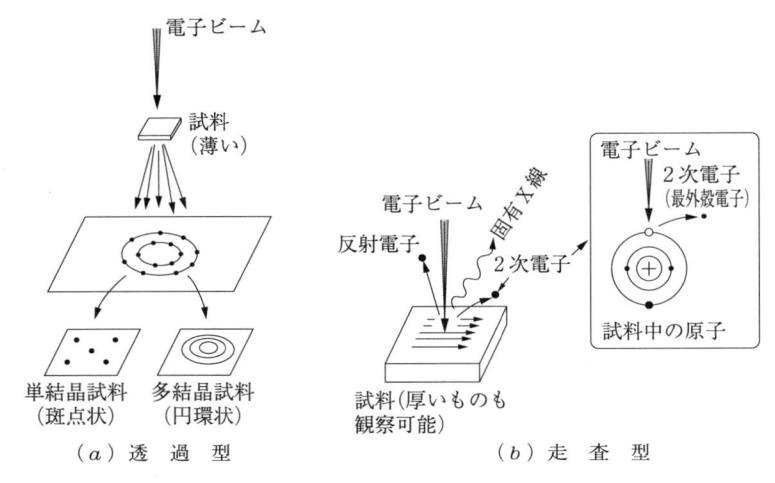

図 9.5 電子顕微鏡の基本原理

(a) 透過型
単結晶試料（斑点状）　多結晶試料（円環状）

(b) 走査型
試料（厚いものも観察可能）
試料中の原子

図(a)の透過型は，試料が塊状の場合は電解研磨法やイオンエッチング法などによりきわめて薄くした観察試験片を準備し，そこに電子ビームを透過させて ① 試料に含まれる物質による吸収量の差より現れる組織を観察する，② ブラッグの回折を利用して結晶構造の解析を行うなどに利用されている。

一方，図(b)の走査型は，テレビの場合のように，走査させた電子ビームを試料表面に当て，電子ビームのエネルギーにより励起された試料表面付近の原子から飛び出す2次電子（エネルギー数 eV）によってブラウン管上に2次電子数に応じた濃淡像を作り出して観察する装置である。ここでは，よく用いられる走査型について説明する。

〔2〕 **走査型電子顕微鏡（SEM）の原理**　図 9.6 に，SEM（scanning electron microscope）の原理を示す。電子ビームは，タングステン（W）フィラメントに電流を流してジュール熱を発生させ，フィラメント表面から飛び出した熱電子を，フィラメントを覆うウェーネルトとアノード（陽極）との間に加速電圧 5〜30 kV 程度の直流高電圧を印加して，発生させる。

このとき，ウェーネルト円錐形の形状に基づく電界分布の影響により，アノードの直上の位置にクロスオーバポイントと呼ばれる直径 50 μm 程度の電子

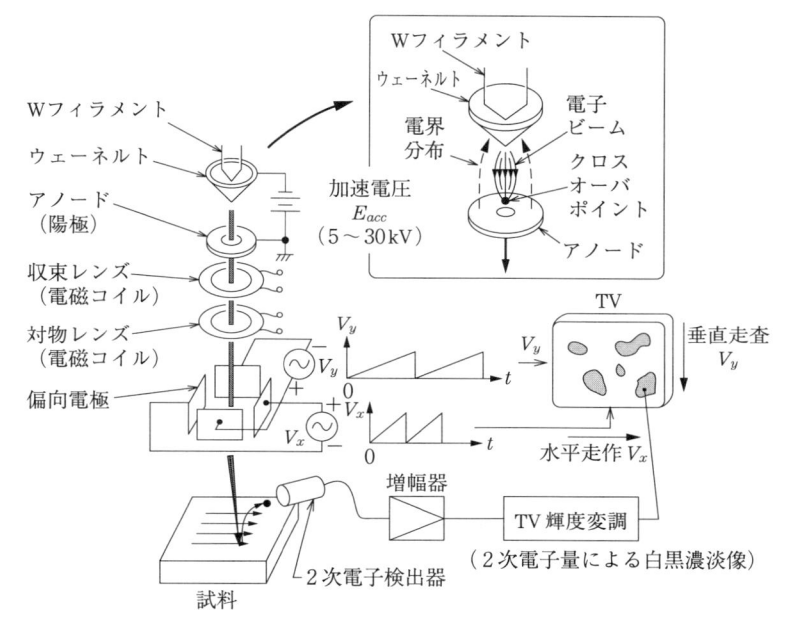

図 **9.6** 走査型電子顕微鏡（SEM）の原理

線のくびれが形成され，ここが光源に相当する．この光源は直径が大きいので，収束レンズや対物レンズと呼ばれる電磁レンズ（電磁コイル）を用いて直径 10 nm 程度に絞り込み，試料に照射される．電子ビームは，X 軸方向の偏向電極にノコギリ波の電圧を加えることによって X 軸方向に走査させ（テレビのブラウン管の水平走査に対応），この走査をもっと周期の長いノコギリ波電圧を加えた Y 軸方向の偏向電極に加えることによって Y 軸方向（ブラウン管の垂直走査に対応）に走査させる．このようにして，試料上の面走査を行い，電子ビームの当たった付近の原子より 2 次電子を発生させる．

発生した 2 次電子は，あらゆる方向に飛び出すが，電子は負電荷をもつため，2 次電子検出器に正の電圧を印加することによって集められ，シンチレータによって光の強さに変換され，さらに光電子増倍管および増幅器を通って，ブラウン管上に導かれる．2 次電子の発生数によって輝度変調（AM 変調）がかけられ，2 次電子の濃淡像がブラウン管上に写し出される．実際に観察され

138　9. 材料評価技術

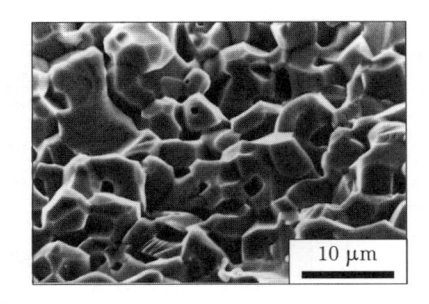

図 9.7 窒化チタン（TiN）焼結体の SEM による 2 次電子像

た 2 次電子像の一例を**図 9.7** に示す。

SEM の倍率は，次式で与えられる。

$$\text{SEM の倍率 } A_\text{SEM} = \frac{\text{ブラウン管上の表示サイズの幅 } W_B}{\text{試料表面の電子ビーム走査幅 } W_S} \text{〔倍〕} \quad (9.4)$$

例題 9.2 SEM を用いて，倍率 5 000 倍の 2 次電子像をブラウン管上の画面横幅 100 mm に表した。このとき，実際の試料上の電子ビーム走査幅はどのくらいか。

【解答】 試料上の電子ビーム走査幅が 5 000 倍に拡大されてブラウン管上の走査幅となるので

$$W_S = \frac{W_B}{A_\text{SEM}} = \frac{100 \times 10^{-3}}{5\,000} = 20 \times 10^{-6} \text{〔m〕}$$

ゆえに，試料上の走査幅は 20 μm と求まる。　　　　　　　　　　◇

9.2.3 密度の測定[3)]

〔1〕 密度の種類および相対密度　**密度**は，機械的特性や電気的特性と密接な関係があり，相対密度が高いほど一般に良好な特性を示す。

固体の密度には，**かさ密度**（bulk density），**見掛密度**（apparent density），**真密度**（true density）の 3 種類があり，以下の式で定義される。

$$\text{かさ密度 } \rho_B = \frac{\text{質量}}{\text{外形容積}} = \frac{m}{V_S + V_{CP} + V_{OP}} \text{〔kg/m}^3\text{〕} \quad (9.5)$$

$$見掛密度\ \rho_A = \frac{質量}{見掛容積} = \frac{m}{V_S + V_{CP}} \ [\text{kg/m}^3] \qquad (9.6)$$

$$真密度\ \rho_T = \frac{質量}{真容積} = \frac{m}{V_S} \ [\text{kg/m}^3] \qquad (9.7)$$

── コーヒーブレイク ──

走査型プローブ顕微鏡(scanning probe microscope, SPM)

ナノメートルレベルの高倍率で材料表面の観察を行うことのできる装置であり,**原子間力顕微鏡**(atomic force microscope, AFM)と**走査型トンネル顕微鏡**(scanning tunneling microscope, STM)の組み合わさった機能のものがある。AFM は, 図に示すように, プローブ(カンチレバー)を材料表面に数 nm 以下に近づけると, プローブ先端の原子と試料(材料)表面の原子との間に原子間力が働き, この原子間力が一定となるように試料表面の凹凸に応じてプローブが変位する。原子間力に基づくプローブのわずかな変位は, レーザ光を用いて非接触に拡大して検出している。この方式により, 材料表面の凹凸形状をナノメートルレベルで観測できる。

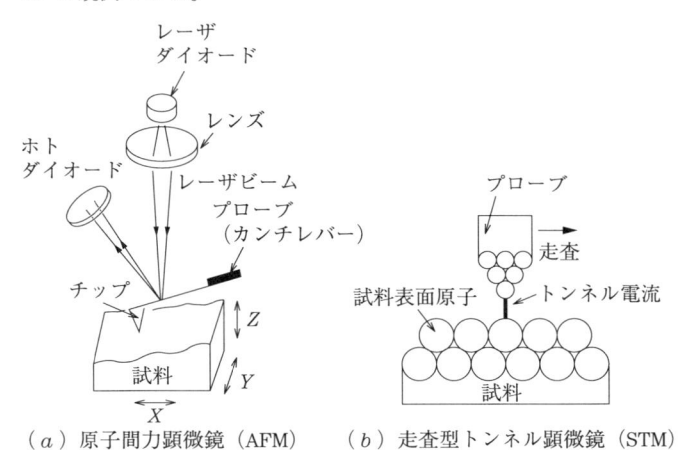

(a) 原子間力顕微鏡(AFM)　　(b) 走査型トンネル顕微鏡(STM)

走査型プローブ顕微鏡

一方, STM は, プローブと導電性試料との間を非接触状態で間隔約 1 nm 程度に制御し, これらにバイアス電圧を加えて, その間に流れるトンネル電流を検出する。比較的平らな表面を 2 次元的に走査し, トンネル電流の強弱を表示すれば, 2 次元的な原子像を観察できる。

140　9. 材料評価技術

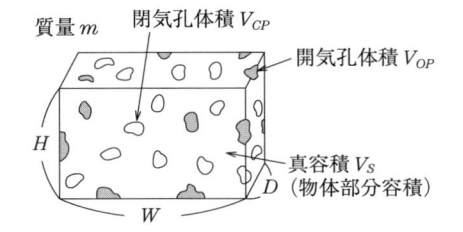

図 9.8 密度の種類と定義

ここで，図 9.8 に示すように m は質量〔kg〕，V_S は真容積〔m³〕，V_{CP} は閉気孔の体積〔m³〕，V_{OP} は開気孔の体積〔m³〕である。

　溶融後凝固させた金属，単結晶試料などは上記 3 種類の密度差がほとんどなく問題とならないことが多い。しかし，セラミックスなど粉末の焼結試料や気相（ガス）から作製した膜などの場合は多少とも気孔を含み，気孔は特性に大きく影響を及ぼす。

　また，上記密度のほか，次式に示す真気孔率および相対密度による表示もしばしば行われている。

$$\text{真気孔率 } P_T = \frac{\text{全気孔容積}}{\text{外形容積}} \times 100 = \frac{V_{CP} + V_{OP}}{V_S + V_{CP} + V_{OP}} \times 100 \text{ 〔\%〕} \tag{9.8}$$

$$\text{相対密度 } R_\rho = \frac{\text{かさ密度 } \rho_B}{\text{真密度 } \rho_T} \times 100 = \frac{m/(V_S + V_{CP} + V_{OP})}{m/V_S} \times 100$$

$$= \frac{V_S}{V_S + V_{CP} + V_{OP}} \times 100 = 100 - P_T \text{ 〔\%〕} \tag{9.9}$$

〔2〕　**比重びん（ピクノメータ）による密度測定**（JIS R 2205）　図 9.9 に，比重びんによる密度測定の方法を示す。

1) **比重びん**は，容量 10～100 ml 程度のガラスびんを用意する。ゲイリュサック形など種々の形状のものがある。

2) 試料は，かさ密度と見掛密度はバルク状，真密度は微粉砕したもの（閉気孔が残っていない程度で，少なくとも 300 μm のふるいを通過したもの）を用意する。

3) 試料と比重びんを恒温乾燥器などを用いて空気中 105 ℃以上で十分乾

9.2 材料一般分析　141

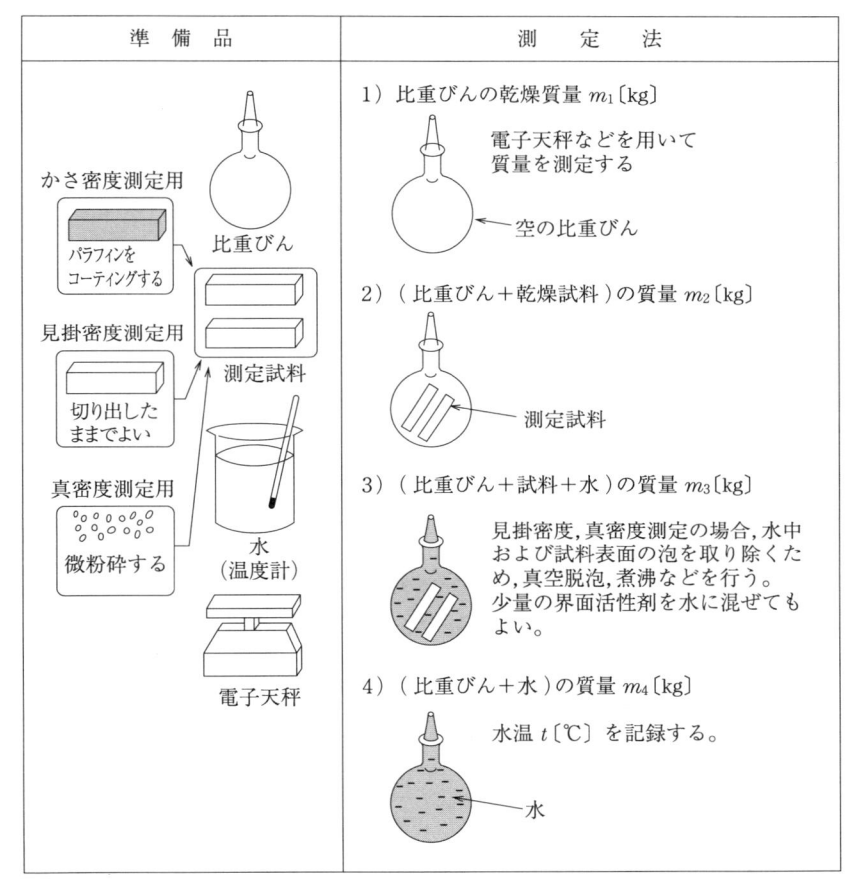

準 備 品	測 定 法
かさ密度測定用　比重びん　パラフィンをコーティングする　見掛密度測定用　切り出したままでよい　測定試料　真密度測定用　微粉砕する　水（温度計）　電子天秤	1) 比重びんの乾燥質量 m_1〔kg〕　電子天秤などを用いて質量を測定する　空の比重びん　2)（比重びん＋乾燥試料）の質量 m_2〔kg〕　測定試料　3)（比重びん＋試料＋水）の質量 m_3〔kg〕　見掛密度，真密度測定の場合，水中および試料表面の泡を取り除くため，真空脱泡，煮沸などを行う。少量の界面活性剤を水に混ぜてもよい。　4)（比重びん＋水）の質量 m_4〔kg〕　水温 t〔℃〕を記録する。　水

図 **9.9** 比重びん（ピクノメータ）による密度測定

　燥させる。気孔のある試料のかさ密度を測定する場合は，溶融パラフィンの中へ浸漬してから室温まで冷却し，試料表面に残ったパラフィンをナイフなどで丁寧に削り取る。
4) つぎの四つの質量をを電子天秤などを用いて測定する。
　　m_1：比重びんのみ，　　m_2：比重びん ＋ 試料，
　　m_3：比重びん ＋ 試料 ＋ 水，　　m_4：比重びん ＋ 水
5) 密度を以下の式を用いて算出する。

密度 $\rho = \dfrac{試料の質量}{試料の容積}$

$= \dfrac{試料の質量\ m}{試料の容積を水に置き換えた質量\ m_w/水の密度\ \rho_w}$

$= \dfrac{m_2 - m_1}{(m_4 - m_1) - (m_3 - m_2)} \rho_w \ [\mathrm{kg/m^3}] \quad (9.10)$

ただし，ρ_w は水の密度（約 $1\,000\,\mathrm{kg/m^3}$）で，水温 t とともに若干変動する。

さらに厳密に，空気の密度を考慮して浮力を補正する場合は，次式で示される。ρ_a は，空気の密度で，$1.2\,\mathrm{kg/m^3}$ である。

$$\rho = \dfrac{m_2 - m_1}{(m_4 - m_1) - (m_3 - m_2)} (\rho_w - \rho_a) + \rho_a \ [\mathrm{kg/m^3}] \quad (9.11)$$

例題 9.3 物質 A と B の複合体（A と B が化合しないでそれぞれの結晶構造を保ちながら混合して存在する状態）の理論密度 ρ_{AB} を，以下に示す三つの場合について求めよ。A，B 単体それぞれの理論密度を，ρ_A，ρ_B とする。

1) A，B それぞれの体積分率を f_{VA}，f_{VB} とするとき（ただし，$f_{VA} + f_{VB} = 1$）
2) A，B それぞれの質量分率を f_{mA}，f_{mB} とするとき（ただし，$f_{mA} + f_{mB} = 1$）
3) A，B それぞれのモル分率を f_A，f_B とするとき（ただし，$f_A + f_B = 1$）

【解答】 図 9.10(a) に示すように，実際には物質 A と B は多結晶状態で混在しているが，概念上は，図(b) に示すように A と B に分離・集合して考える。物質 A の密度，占有質量，占有体積，分子量，モル数を ρ_A, m_A, V_A, M_A, a とし，物質 B のそれらを ρ_B, m_B, V_B, M_B, b とする。

基本的な関係は，つぎのとおりである。

密度　　　$\rho_A = \dfrac{m_A}{V_A}, \quad \rho_B = \dfrac{m_B}{V_B} \quad (9.12)$

質量分率　$f_{mA} = \dfrac{m_A}{m_A + m_B}, \quad f_{mB} = \dfrac{m_B}{m_A + m_B} \quad (9.13)$

体積分率　$f_{VA} = \dfrac{V_A}{V_A + V_B}, \quad f_{VB} = \dfrac{V_B}{V_A + V_B} \quad (9.14)$

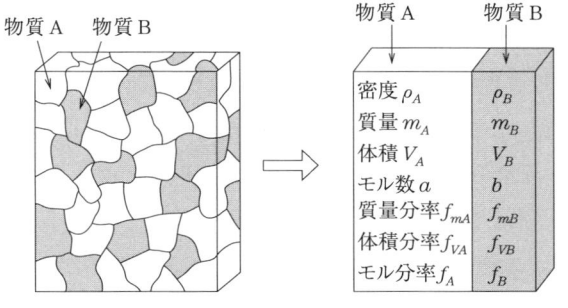

9.2 材料一般分析   143

図 9.10 複合体の密度

モル数 　　$a = \dfrac{m_A}{M_A}, \quad b = \dfrac{m_B}{M_B}$ 　　　　　　　　　　　　　　　(9.15)

モル分率 　　$f_A = \dfrac{a}{a+b}, \quad f_B = \dfrac{b}{a+b}$ 　　　　　　　　　　　(9.16)

1） 体積分率より求めた複合体密度 ρ_{AB}

$$\rho_{AB} = \dfrac{m_A + m_B}{V_A + V_B} \tag{9.17}$$

式 (9.12) および式 (9.14) の関係を代入して

$$\rho_{AB} = \dfrac{\rho_A V_A + \rho_B V_B}{V_A + V_B} = \rho_A f_{VA} + \rho_B f_{VB} \tag{9.18}$$

2） 質量分率より求めた複合体密度 ρ_{AB}

$$\rho_{AB} = \dfrac{m_A + m_B}{V_A + V_B} = \dfrac{m_A + m_B}{\dfrac{m_A}{\rho_A} + \dfrac{m_B}{\rho_B}} = \dfrac{1}{\dfrac{f_{mA}}{\rho_A} + \dfrac{f_{mB}}{\rho_B}} \tag{9.19}$$

すなわち，つぎの関係がある。

$$\dfrac{1}{\rho_{AB}} = \dfrac{f_{mA}}{\rho_A} + \dfrac{f_{mB}}{\rho_B} \tag{9.20}$$

3） モル分率より求めた複合体密度

$$V_A = \dfrac{m_A}{\rho_A} = \dfrac{M_A a}{\rho_A}, \quad V_B = \dfrac{m_B}{\rho_B} = \dfrac{M_B b}{\rho_B}$$

の関係を用いて

$$\rho_{AB} = \dfrac{m_A + m_B}{V_A + V_B} = \dfrac{M_A a + M_B b}{\dfrac{M_A a}{\rho_A} + \dfrac{M_B b}{\rho_B}} = \dfrac{M_A f_A + M_B f_B}{\dfrac{M_A}{\rho_A} f_A + \dfrac{M_B}{\rho_B} f_B} \; [\text{kg/m}^3] \tag{9.21}$$

◇

144　9. 材料評価技術

例題 9.4　50 mℓ 容量の比重びんを用いて，表面にパラフィンを薄く塗布した TiN-TiB₂ 複合焼結体の密度を測定したところ，比重びんの質量 31.490 g，焼結体試料と比重びんをあわせた質量 36.098 g，比重びん中に 18 ℃ の蒸留水で試料を浸漬した質量 91.539 g，比重びんを蒸留水で満たした質量 87.885 g であった。

18 ℃ の蒸留水の密度を 998.59 kg/m³ として，試料のかさ密度を求めよ。また，この複合焼結体の真密度は 4 890 kg/m³ であるとして，相対密度と気孔率を求めよ。

【解答】 $m_1 = 31.490$ g， $m_2 = 36.098$ g， $m_3 = 91.539$ g， $m_4 = 87.885$ g， $S = 998.59$ kg/m³ として求めればよい。ただし，空気の浮力補正を無視する。
かさ密度 ρ_B は次式のように求まる。

$$\rho_B = \frac{m_2 - m_1}{(m_4 - m_1) - (m_3 - m_2)} \rho_w$$

$$= \frac{36.098 - 31.490}{(87.885 - 31.490) - (91.539 - 36.098)} \times 998.59$$

$$= 4\,823\ [\text{kg/m}^3]$$

また，相対密度 R_ρ と真気孔率 P_T は，以下のように求まる。

$$R_\rho = \frac{\rho_B}{\rho_T} \times 100 = \frac{4\,823}{4\,890} \times 100 = 98.63\ [\%]$$

$$P_T = 100 - R_\rho = 100 - 98.63 = 1.37\ [\%]$$

ゆえに，相対密度は 98.63 %，真気孔率は 1.37 % である。　◇

9.3　電気的特性評価

9.3.1　抵抗率の測定[4]

図 9.11 に示すように，被測定試料の長さ方向の抵抗 R は，試料の断面積を $S[\text{m}^2]$，長さを $l[\text{m}]$ とすると，次式で示される。

$$R = \rho \frac{l}{S}\ [\Omega] \tag{9.22}$$

ここで，ρ は体積抵抗率 $[\Omega \cdot \text{m}]$ であり，材料により固有の値を示す。

9.3 電気的特性評価

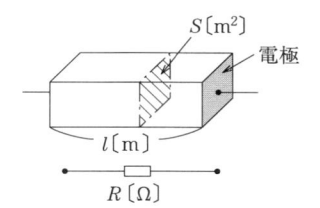

図9.11 抵 抗

〔1〕 良導体（金属）の抵抗率測定 金属などの良導体は，抵抗率が小さいので**4端子法（電圧降下法）**により，比較的容易に精度良く体積抵抗率を測定できる。

図9.12(a)に示すように，一様断面積をもつ棒状試料の両端に電流端子 T_{I1}, T_{I2} を付け，電源より電流 I を流し，電圧端子 T_{V1}, T_{V2} 間の電圧降下を入力インピーダンスの高い電圧計（マルチメータでよい）を用いて読み取る。電圧計の読みを V〔V〕，電流計の読みを I〔A〕とすると，電圧端子間の試験片の抵抗率は，次式で求まる。

$$\rho = \frac{S}{l}R = \frac{S}{l}\cdot\frac{V}{I} \ \text{〔Ω·m〕} \tag{9.23}$$

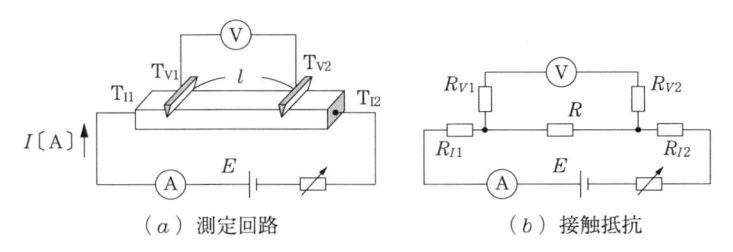

(a) 測定回路　　(b) 接触抵抗

図9.12 4端子法（電圧降下法）による低抵抗率の測定

本方法を用いると，図(b)に示すように，電流端子部に接触抵抗 R_{I1}, R_{I2} があっても電流計の読みは試験片に流れる電流を指示し，また，電圧端子の接触抵抗 R_{V1}, R_{V2} があっても電圧計の内部抵抗が十分大きいのでその影響は実際上無視できるため，高精度の抵抗率測定が可能となる。電気伝導度（導電率）σ は，$\sigma = 1/\rho$〔S/m〕で与えられる。

〔2〕 **高抵抗体（半導体・絶縁体）の抵抗率測定**　抵抗率が大きい場合は，材料内部を流れる電流のほかに，水分付着などにより材料表面を流れる表面電流の影響が無視できなくなる。

この場合は，図 9.13 に示すように，膜状または薄板状の試料を作製し，主電極のほかにリング状の副電極を設けた **3 端子法** を用いて抵抗率を測定する。主電極と副電極が同じ電位となるように接続し，材料中を流れる電流 I_1 のみを電流計で計測し，表面電流 I_2 を除外する。

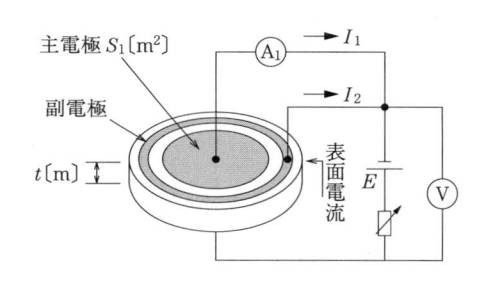

図 9.13　3 端子法による高抵抗率（半導体・絶縁体）の測定

電極は，Au，Ag，Al などの金属を蒸着，スパッタリングなどの薄膜作製法により試料の上下面に付ける。電極と試料間の接触は，しばしば電位障壁をもつ場合があるので，オーミック接触（接合部に印加した電圧と流れる電流との間に直線的関係が成り立つこと，すなわちオームの法則が成り立つこと）であることを必ず確認しておく。

主電極の面積を $S_1 [\mathrm{m}^2]$，試験試料の厚みを $t [\mathrm{m}]$ とすると，次式より体積抵抗率 ρ が求まる。

$$\rho = \frac{S_1}{t} \cdot \frac{V}{I_1} \ [\Omega \cdot \mathrm{m}] \tag{9.24}$$

〔3〕 **4 探針法による半導体の抵抗率測定**　図 9.14 に示す **4 探針法** を用いると，半導体の抵抗率を比較的簡単に求めることができ，便利である。

四つの針を等間隔で直線状に並べ，半導体板に押し付ける。両端の二つが電流端子，中央の二つが電圧端子である。抵抗率は，次式で与えられる。

$$\rho = 2\pi l \frac{V}{I} \ [\Omega \cdot \mathrm{m}] \tag{9.25}$$

9.3 電気的特性評価

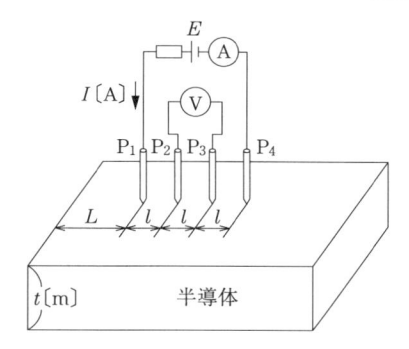

図 9.14 4探針法による半導体の抵抗率測定

本測定においては，針の間隔を l とすると，板厚 t は $t > 3l$，板の端面からの測定位置 L は $L > 2l$ の条件であることが必要である．また，V の測定は電位差計（零位法）が好ましく，電流はなるべく小さいほうが精度がよい．

例題 9.5 図 9.14 に示す半導体の4探針法による抵抗率測定において，抵抗率が式 (9.25) で与えられることを示せ．

【解答】 試料の大きさに比較して，探針間隔 l が十分小さいと仮定すると，図 9.15(b) に示すように，電流端子 P_1 から電流 I が流入し半円状に電流が周囲に拡散していくモデルと，周囲から電流が集まって電流端子 P_4 へ流出するモデルの重ね合わせと考えることができる．

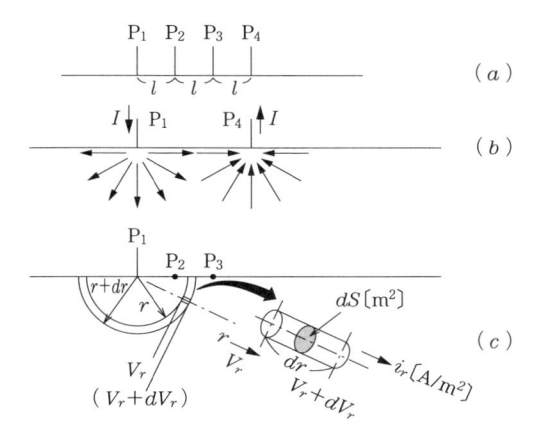

図 9.15 4探針法の抵抗率測定原理

図(c)に示すように，点 P_1 から電流 I が周囲に拡散していくモデルを考えると，点 P_1 より半径 r の距離における電流密度 i_r は，次式で示される。

$$i_r = \frac{I}{2\pi r^2} \; [\text{A/m}^2]$$

いま，半径 r[m]の任意の場所に断面積 dS[m²]，長さ dr の断面一様な微小領域を考え，半径 r における電位を V_r[V]，半径 $r+dr$ における電位を (V_r+dV_r)[V]とする。電流の流れる条件から $V_r > (V_r + dV_r)$ である。断面 dS に電流密度 i_r の電流が流れたと仮定すると，オームの法則よりこの微小領域の抵抗 dR_r は

$$dR_r = \frac{V_r - (V_r + dV_r)}{i_r dS} = -\frac{dV_r}{i_r dS} \; [\Omega]$$

一方，dR_r は式(9.22)の関係より次式が成り立つ。

$$dR_r = \rho \frac{dr}{dS} \; [\Omega]$$

上記2式は等しいので，つぎの微分方程式が得られる。

$$-\frac{dV_r}{dr} = \rho i_r \; [\text{V/m}]$$

半径 r における電位 V_r は，上式を積分することによって求まる。

$$V_r = -\rho \int i_r \, dr = -\rho \int \frac{I}{2\pi r^2} dr = \rho \frac{I}{2\pi r} + C \; [\text{V}]$$

境界条件として，半径無限遠 ($r = \infty$) のときの電位を 0 V とすると，積分定数 C は，$C = 0$ となる。

電圧端子 P_2，P_3 における電位は，それぞれ $r = l$，$r = 2l$ の点の電位なので次式のように求まる。

（点 P_2 の電位）$V_{P2} = \rho \dfrac{I}{2\pi l}$ [V]　（点 P_3 の電位）$V_{P3} = \rho \dfrac{I}{4\pi l}$ [V]

点 P_2 と点 P_3 の電位差（電圧）は

$$V_{P2} - V_{P3} = \rho \frac{I}{4\pi l} \; [\text{V}]$$

以上は，電流の流入点 P_1 について求めた式であるが，電流の流出点 P_4 についても同様な電位差が生じるので，最終的の点 P_2 と点 P_3 の電位差 V は，上記の式の2倍の大きさとなる。

$$V = V_{P2} - V_{P3} = \rho \frac{I}{2\pi l} \; [\text{V}]$$

したがって体積抵抗率 ρ は，式(9.25)で示される。　◇

9.3.2 誘電率の測定

被測定試料は，図 **9.16**(a) に示すように，薄い円板または矩形板形状の試料の上下面に電極を取り付けた2端子試料を用意する．高精度な測定を必要とする場合は，図(b)に示すように，主電極と副電極（リング電極）を設けた3端子試料[4]を作製して金属ケースに収納し，ケースと副電極とを導線で結ぶ．

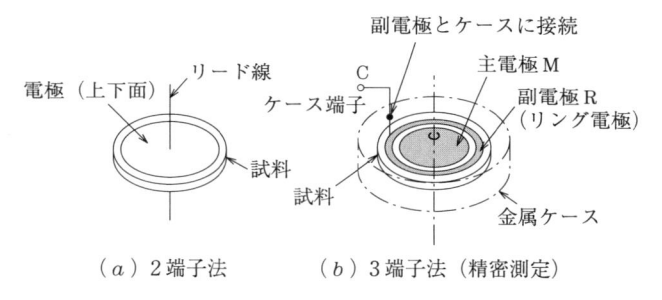

(a) 2端子法　　(b) 3端子法（精密測定）

図 9.16 誘電率測定における電極の付け方

電極面積（主電極）を S[m^2]，電極間間隔（試料の厚み）を d[m] とすると，コンデンサ容量 C は，次式で与えられる．

$$C = \frac{\varepsilon S}{d} \text{ [F]} \tag{9.26}$$

したがって，容量 C を測定することにより誘電率 ε が求まり，さらに ε を真空の誘電率 ε_0 で除すことにより比誘電率 $\varepsilon_r (= \varepsilon/\varepsilon_0)$ を求めることができる．コンデンサ容量 C_X の測定は，交流ブリッジ法，LCR インピーダンスメータ法などが用いられている．

〔1〕交流ブリッジ法　交流ブリッジ法は，図 **9.17** に示すように，$\dot{Z}_A \sim \dot{Z}_D$ の四つのインピーダンスを用いてブリッジを組み，交流電源を供給して検出器 D に流れる電流が0となるようにいくつかのインピーダンスを調整して平衡をとり，抵抗 R，インダクタンス L，容量 C を計測する方法である．平衡条件は，相対辺のインピーダンスの積が等しいときである．

$$\dot{Z}_A \dot{Z}_D = \dot{Z}_B \dot{Z}_C \tag{9.27}$$

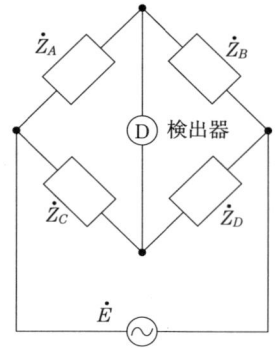

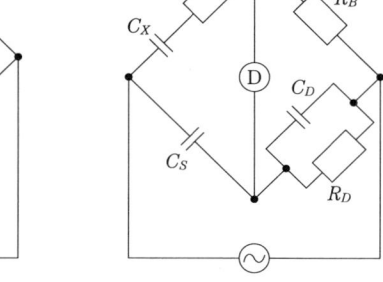

図 9.17 交流ブリッジ法　　**図 9.18** シェーリングブリッジ回路

未知の C_X, L_X を測定する場合は，辺の一つ，例えば $\dot{Z}_A$ に，これらを接続すれば，他の三つの既知インピーダンスより求めることができる。

交流ブリッジ法によるコンデンサ容量の測定法には，**図 9.18** に示す**シェーリングブリッジ回路**が広く用いられている。平衡条件は，式 (9.27) より

$$\left(R_X + \frac{1}{j\omega C_X}\right)\left(\frac{1}{1/R_D + j\omega C_D}\right) = R_B \frac{1}{j\omega C_S} \tag{9.28}$$

上式を実数部と虚数部に分けて整理すると，R_X, C_X は次式で示される。

$$R_X = \frac{C_D}{C_S} R_B \ [\Omega], \quad C_X = \frac{R_D}{R_B} C_S \ [\mathrm{F}] \tag{9.29}$$

シェーリングブリッジ回路は，比較的高電圧を印加して測定する。精密測定を必要とする場合は 3 端子試料を準備し，**図 9.19** に示す**ワグナー接地回路**を用いて対地容量 $C_{E1} \sim C_{E4}$ などによる誤差を小さくするとよい。

ワグナー接地[5]は，まずスイッチ S を a 側に倒して $\dot{C}_X$, $\dot{R}_B$, $\dot{Z}_1$, $\dot{Z}_2$ の四つのインピーダンスでブリッジを構成し，C_X, R_B を一定にしておいて $\dot{Z}_1$, $\dot{Z}_2$ を変化させて平衡をとる。このとき，対地容量 C_{E1}, C_{E2} は，ブリッジの $\dot{Z}_1$, $\dot{Z}_2$ の平衡条件の中に含ませることができるので影響を排除できる。つぎに，S を b 側に倒して本来のシェーリングブリッジ回路で平衡をとる。このようにすると，点 a，点 b は同電位（接地電位）となり，したがって主電極 M，副電極 R，ケースも同電位で測定されるため，試料内の電界分布の均一化

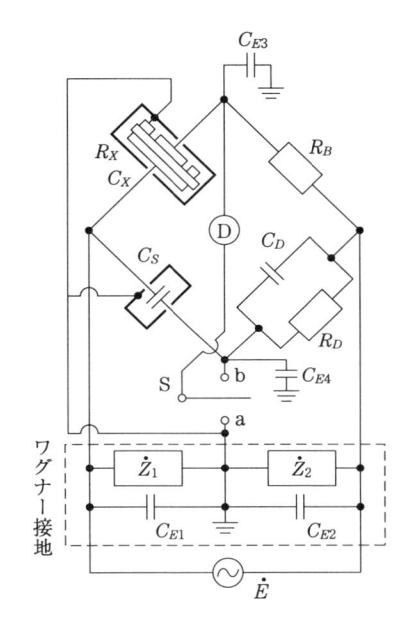

図 9.19 ワグナー接地回路を用いた3端子試料の精密容量測定

と,対地容量 C_{E3}, C_{E4} の影響の除去(両端は同電位となるから蓄積電荷は0)を図ることができる.

〔2〕 **LCRインピーダンスメータ法**[6),7)]　**LCRインピーダンスメータ**は,周波数可変のディジタル表示形式のものが広く普及しており,これを用いて直接コンデンサ容量やインダクタンスを計測表示できる.

測定原理を**図 9.20**に示す.被測定インピーダンス $\dot{Z}$ に標準抵抗 R_S を直列接続し,角周波数 ω の正弦波基準電圧 $\dot{E}$ を印加する.いま,被測定インピーダンス $\dot{Z}$ の抵抗分を R,リアクタンス分を X とすると,$\dot{Z}$ は一般的に次

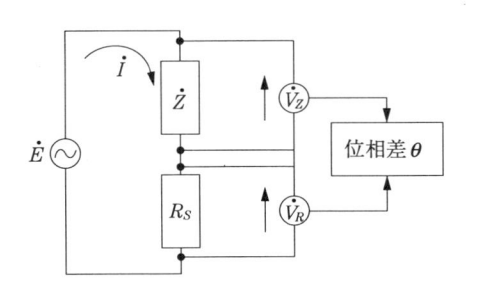

図 9.20 LCRインピーダンスメータの測定原理

式で表される。

$$\dot{Z} = R + jX = \sqrt{R^2 + X^2} \angle \tan^{-1}\frac{X}{R} \equiv Z\angle\theta \ [\Omega] \qquad (9.30)$$

$\dot{E}$ の印加により，直列回路に $\dot{I} = I\angle\theta_I$（$I$ は実効値の大きさ[A]，θ_I は位相角[°]）の電流が流れたと仮定すると，$\dot{Z}$ の両端の電圧 $\dot{V}_Z$ および R_S の両端の電圧 $\dot{V}_R$ はそれぞれつぎのようになる。

$$\dot{V}_Z = \dot{Z}\dot{I} = Z\angle\theta \cdot I\angle\theta_I = ZI\angle(\theta + \theta_I) \equiv V_Z\angle\theta_Z \qquad (9.31)$$

$$\dot{V}_R = R_S\dot{I} = R_S I\angle\theta_I \equiv V_R\angle\theta_R \qquad (9.32)$$

被測定インピーダンス $\dot{Z}$ は

表 9.4 LCR インピーダンスメータにおける関係式

等価回路モード	L の測定 直列	C の測定 直列	C の測定 並列
$R,\ G$ の大きさ	$R_S = Z\cos\theta_S$	$R_S = Z\cos\theta_S$	$G_P = Y\cos\theta_P$
$L,\ C$ の大きさ	$L_S = \dfrac{Z\sin\theta_S}{\omega}$	$C_S = \dfrac{1}{\omega Z\sin\theta_S}$	$C_P = \dfrac{Y\sin\theta_P}{\omega}$
$\dot{Z}$ または $\dot{Y}$	$\dot{Z}_S = R_S + j\omega L_S$	$\dot{Z}_S = R_S - j\dfrac{1}{\omega C_S}$	$\dot{Y}_P = G_P + j\omega C_P$
$\dot{Z},\ \dot{Y}$ の大きさ	$Z_S = \sqrt{R_S^2 + (\omega L_S)^2}$	$Z_S = \sqrt{R_S^2 + \left(\dfrac{1}{\omega C_S}\right)^2}$	$Y_P = \sqrt{G_P^2 + (\omega C_P)^2}$
$\dot{Z},\ \dot{Y}$ の位相角	$\theta_S = \tan^{-1}\dfrac{\omega L_S}{R_S}$	$\theta_S = \tan^{-1}\dfrac{1}{\omega C_S R_S}$	$\theta_P = \tan^{-1}\dfrac{\omega C_P}{G_P}$
損失係数 D		$D = \tan\delta_S$ $= \omega C_S R_S$	$D = \tan\delta_P$ $= \dfrac{G_P}{\omega C_P}$
Q	$Q = \dfrac{\omega L_S}{R_S}$ $= \tan\theta$	$Q = \dfrac{1}{\omega C_S R_S}$ $= \dfrac{1}{D} = \tan\theta_S$	$Q = \dfrac{\omega C_P}{G_P}$ $= \dfrac{1}{D} = \tan\theta_P$

9.3 電気的特性評価

$$\dot{Z} = \frac{\dot{V}_Z}{\dot{I}} = \frac{\dot{V}_Z}{\dot{V}_R/R_S} = \frac{V_Z \angle \theta_Z}{V_R \angle \theta_R} R_S = \frac{V_Z}{V_R} R_S \angle (\theta_Z - \theta_R) \ [\Omega]$$

(9.33)

$$\therefore \quad Z = \frac{V_Z}{V_R} R_S \ [\Omega], \quad \theta = \theta_Z - \theta_R \ [°]$$

(9.34)

したがって $\dot{Z} = Z \angle \theta$ は，$\dot{V}_Z$, $\dot{V}_R$ それぞれの実効値の大きさ V_Z, V_R と位相角 θ_Z, θ_R を計測し，式 (9.34) の演算を行えば求まることになる。Z と θ が求まれば，抵抗分 R とリアクタンス分 X は，次式の関係となる。

$$R = Z \cos \theta \ [\Omega] \tag{9.35}$$

$$X = Z \sin \theta \ [\Omega] \tag{9.36}$$

容量の測定においては，$X = -1/\omega C_X$ とおけばよいが，実際の試料の測定においては，C_X に直列に微小な抵抗分 R_S，または C_X に並列に小さなコンダクタンス分 G_P（大きな抵抗分 R_P）が入るので，**表 9.4** に示す直列・並列の等価回路として測定される。

例題 9.6 厚さ 20 μm のポリエチレンフィルムに 20 mm × 20 mm の大きさの電極を付けたコンデンサを作製し，LCR インピーダンスメータを用いて周波数 1 kHz，並列等価回路モードで測定したところ，インピーダンスの大きさ $Z = 380$ kΩ，位相角 $\theta = -87.6°$ と計測された。このコンデンサの容量 C_P，並列抵抗の大きさ R_P，フィルムの比誘電率 ε_r および損失係数 D を求めよ。

【解答】 並列モードであるから，アドミタンス $\dot{Y}$ を基準にして考えればよい。

$$\dot{Y} = \frac{1}{\dot{Z}} = \frac{1}{380 \times 10^3 \angle -87.6°} = 2.63 \times 10^{-6} \angle 87.6° \ [\text{S}]$$

$\dot{Y} = Y \angle \theta_Y = G_p + jB_p$ とすると，コンダクタンス G_p とサセプタンス B_p は

$G_p = Y \cos \theta_Y = 2.63 \times 10^{-6} \times \cos 87.6° = 1.101 \times 10^{-7}$ [S]

$B_p = Y \sin \theta_Y = 2.63 \times 10^{-6} \times \sin 87.6° = 2.628 \times 10^{-6}$ [S]

$G_p = 1/R_p$ および $B_p = \omega C_p = 2\pi f C_p$ の関係より，並列抵抗 R_P と容量 C_P は

$$R_P = \frac{1}{G_p} = \frac{1}{1.101 \times 10^{-7}} = 9.08 \times 10^6 \ [\Omega] \quad \therefore \ R_P = 9.08 \ [\text{M}\Omega]$$

$$C_P = \frac{B_P}{2\pi f} = \frac{2.628 \times 10^{-6}}{2\pi \times 1\,000} = 4.18 \times 10^{-10} \ [\text{F}] \quad \therefore \ C_P = 418 \ [\text{pF}]$$

真空時の容量 C_0 は

$$C_0 = \frac{\varepsilon_0 S}{d} = \frac{8.854 \times 10^{-12} \times 20^2 \times 10^{-6}}{20 \times 10^{-6}} = 1.77 \times 10^{-10} \ [\text{F}]$$

比誘電率 ε_r は，$C = \varepsilon_r C_0$ の関係より

$$\varepsilon_r = \frac{C}{C_0} = \frac{4.18 \times 10^{-10}}{1.77 \times 10^{-10}} = 2.36$$

損失係数 D は，次式で求まる。

$$D = \tan \delta = \tan(90° - \theta) = \tan(90° - 87.6°) = 0.041\,9$$
$$\therefore \ D = 4.19 \ [\%] \qquad \diamondsuit$$

9.3.3 透磁率の測定

磁性材料の**透磁率**を測定する場合，まず，**図 9.21** に示す環状磁心（トロイダルコア）を作製し，その上にコイルを均等に巻く。環状以外の形状，例えば棒状磁心は，逆磁界が発生するので，評価がやや複雑となる。

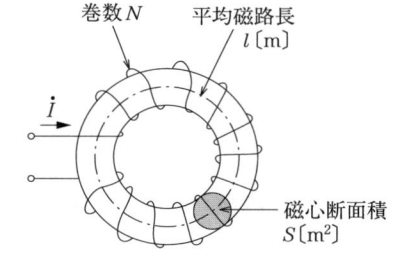

図 9.21 環状磁心を用いた透磁率の測定

磁心中の磁界の強さ H は，N を巻数，l を平均磁路長，n を単位長さ当りの巻数とすると

$$H = nI = \frac{N}{l} I \ [\text{A/m}] \tag{9.37}$$

発生する磁束密度 B と 1 巻のコイルに鎖交する磁束 $\varPhi_1$ は

$$B = \mu H \ [\text{T}], \quad \varPhi_1 = BS \ [\text{Wb}] \tag{9.38}$$

N 巻のコイルに鎖交する全磁束 $\varPhi$ は

$$\varPhi = N\varPhi_1 = NS\mu H = NS\mu\frac{N}{l}I \;\,[\text{Wb}] \tag{9.39}$$

自己インダクタンス L は，$\varPhi = LI$ の関係より

$$L = \frac{\mu N^2 S}{l} \;\,[\text{H}] \tag{9.40}$$

したがって，透磁率 μ および比透磁率 μ_r は

$$\mu = \frac{lL}{N^2 S} \;\,[\text{H/m}] \tag{9.41}$$

$$\mu_r = \frac{\mu}{\mu_0} \tag{9.42}$$

したがって，式 (9.41) より L の値が測定できれば，透磁率を求めることができる。L の測定には，以下に示す交流ブリッジ法や LCR インピーダンスメータ法が用いられている。

一方，磁化の強さ（磁気分極の強さ）J は，$J = \chi H$（χ：磁化率）の関係があり，また，$B = \mu_0 H + J$ の関係も成り立つ。磁化率は，これらの式より次式で求まる。

$$\chi = \mu - \mu_0 \;\,[\text{H/m}] \tag{9.43}$$

〔**1**〕 **交流ブリッジ法**　環状磁心コイルの自己インダクタンス L の測定には，**図 9.22** に示す**マクスウェルブリッジ回路**が広く用いられている。L_S は標準インダクタンスで，式 (9.27) より平衡条件は次式に示すとおりとなる。

$$(R_X + j\omega L_X)R_D = (R_S + j\omega L_S)R_B \tag{9.44}$$

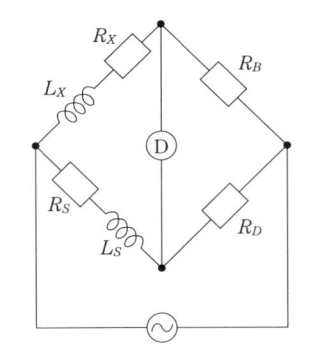

図 9.22 マクスウェルブリッジ回路

これより R_X, L_X は,以下の式より求まる。

$$R_X = \frac{R_B}{R_D} R_S \ [\Omega], \quad L_X = \frac{R_B}{R_D} L_S \ [\mathrm{H}] \tag{9.45}$$

例題 9.7 図 9.23 に示すマクスウェル・ウィーンブリッジ回路は,静電容量を標準器とするインダクタンス測定用ブリッジである。

平衡時における被測定コイルの直列等価回路の抵抗分 R_X,インダクタンス分 L_X の式を求めよ。

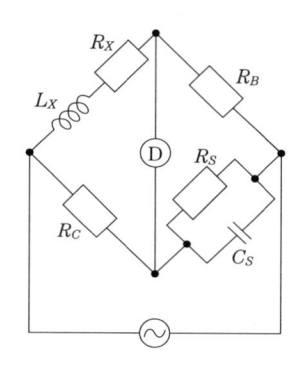

図 9.23 マクスウェル・ウィーンブリッジ回路

【解答】 平衡条件式は,次式で示される。

$$(R_X + j\omega L_X)\left(\frac{1}{1/R_S + j\omega C_S}\right) = R_B R_C$$

両辺の実数部と虚数部がそれぞれ等しいとおいて,R_X, L_X は,次式で示される。

$$R_X = \frac{R_B R_C}{R_S} \ [\Omega], \quad L_X = R_B R_C C_S \ [\mathrm{H}] \qquad \diamond$$

〔2〕 **LCR インピーダンスメータ法** 容量の測定の場合と同様に,自己インダクタンスの測定は,LCR インピーダンスメータによって直読することも広く行われている。

多くの場合,コイルの抵抗が比較的大きく,その等価回路は R-L 直列回路で表している。LCR インピーダンスメータの原理,Z 値,Q 値などは,**9.3.2** 項を参照のこと。

9.3.4 磁化特性の測定

〔1〕 初期磁化特性の測定　初期磁化曲線は，反転法[4]と呼ばれる方法を用いて測定できる。図 9.24(a)に示すように，環状磁心に巻数 N_1 の1次コイルを均等に巻く。その上に巻数 N_2 のサーチコイルを巻き，直流電源 E，電流方向の切替を行う反転スイッチ S_1 およびサーチコイルに鎖交した磁束を計測する磁束計（または衝撃検流計）Fなどで計測回路を構成する。

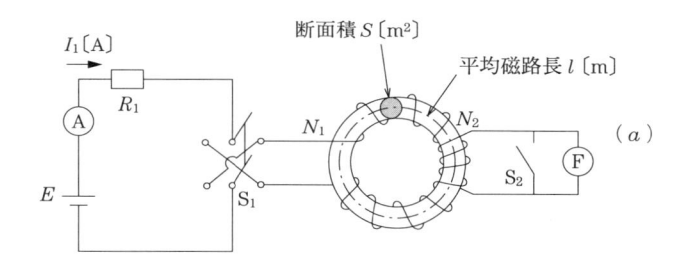

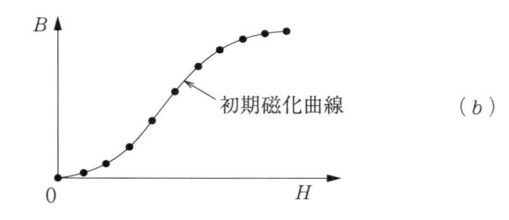

図 9.24 反転法による初期磁化特性の測定

試料は，あらかじめ完全に消磁しておく。消磁は，S_2 を閉じた状態で，最初 R_1 を最小値（1次コイルの電流 I_1 は最大値）にし，S_1 を反転切替えさせる。R_1 を段階的に大きくさせながら（I_1 を小さくさせながら）これを繰返し行い，最終的には，I_1 の電流を0にする。

つぎに，S_2 を閉じた状態のまま，I_1 に小さな一定電流を流し，数回 S_1 を反転させた後，S_2 を開く。S_1 を切り替えたときの磁束計Fの値を読み取る。このとき，S_1 の切替により，試料中の鎖交磁束は，I_1 により生じる磁束の2倍分が変化したことになる。したがって，試料内の磁界の強さ H と磁束密度 B は以下の式で示される。

$$H = \frac{N_1}{l} I_1 \text{ [A/m]}, \quad B = \frac{F}{2SN_2} \text{ [T]} \tag{9.46}$$

R_1 を段階的に減少させて（I_1 を増加させて），上記操作を繰り返すと，図(b)に示す初期磁化曲線を求めることができる。

〔**2**〕　**ヒステリシスループ（B-H 曲線）の測定**[8]　図 **9.25** に示すように，環状磁心に 1 次および 2 次コイルを均等に巻く。実際には 1 次コイルを磁心に均等に巻いた上に 2 次コイルを均等に巻く。1 次コイルは，磁心に磁界 H を発生させるためのもので，生じる磁界の強さは $H = N_1 I_1/l$ [A/m] である。1 次コイルの自己インダクタンスを L_1 とすると，$\dot{I}_1 = \dot{V}_1/(R_1 + j\omega L_1)$ となるが，$R_1 \gg j\omega L_1$ の条件で作製すると，R_1 の両端の電圧 $\dot{V}_X$ は電流 $\dot{I}$ に比例する電圧，すなわち磁界の強さ H に比例する電圧が現れる。$\dot{V}_X$ をオシロスコープまたは X-Y レコーダの X 軸に入力する。

$$\dot{V}_X = R_1 \dot{I}_1 = \frac{R_1 l}{N_1} H \text{ [V]} \tag{9.47}$$

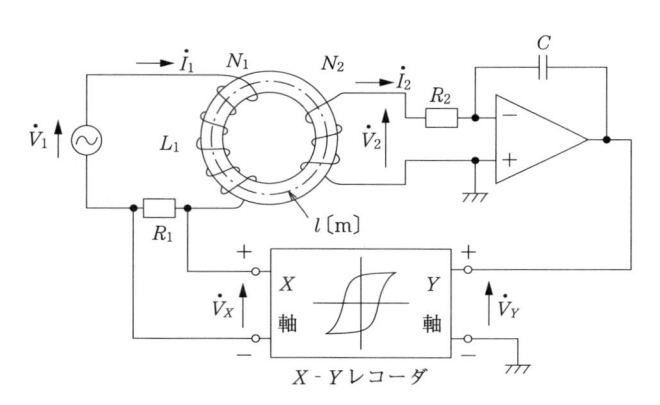

図 **9.25**　ヒステリシスループ（B-H 曲線）の測定

2 次コイルは，磁界 H により生じた磁束の大きさ Φ_1 を電圧 $\dot{V}_2$ に変換して読み取る回路であり，演算増幅器（オペアンプ）の入力インピーダンスが十分高いため，$\dot{I}_2 \fallingdotseq 0$ と近似できる。2 次コイルの全鎖交磁束 Φ_2 は，$\Phi_2 = N_2 \Phi_1 = N_2 SB$ であるから，ファラデーの法則より 2 次コイルの出力電圧 $\dot{V}_2$ は

$$\dot{V}_2 = -\frac{d\Phi_2}{dt} = -\frac{d(N_2 SB)}{dt} = -N_2 S \frac{dB}{dt} \quad [\text{V}] \tag{9.48}$$

$\dot{V}_2$ には，磁束密度 B の時間微分値に比例した電圧が現れることになる。これを演算増幅器を用いて積分することにり B に比例した電圧となる。

$$\dot{V}_Y = -\frac{1}{R_2 C}\int V_2(t)dt = -\frac{1}{R_2 C}\left[-N_2 S \int \left(\frac{dB}{dt}\right)dt\right]$$

$$= \frac{1}{R_2 C} N_2 SB \quad [\text{V}] \tag{9.49}$$

$\dot{V}_Y$ を，オシロスコープまたは X-Y レコーダの Y 軸に入力すると，**ヒステリシス曲線**（B-H 曲線）を自動的に描くことができる。

9.3.5　ホール係数の測定

ホール効果（Hall effect）は，図 **9.26** に示すように，x 軸方向に向いた一様な磁界中を y 軸方向に電流を流した場合，z 軸方向に次式に示す大きさの電圧が発生する現象である。

$$V = R_H hiB = R_H \frac{IB}{w} \quad [\text{V}] \tag{9.50}$$

ここで，R_H はホール係数と呼ばれる材料定数，h は試料の高さ（磁界と直角方向の長さ）[m]，i は電流密度[A/m^2]，B は磁界の磁束密度[T]，I は電流

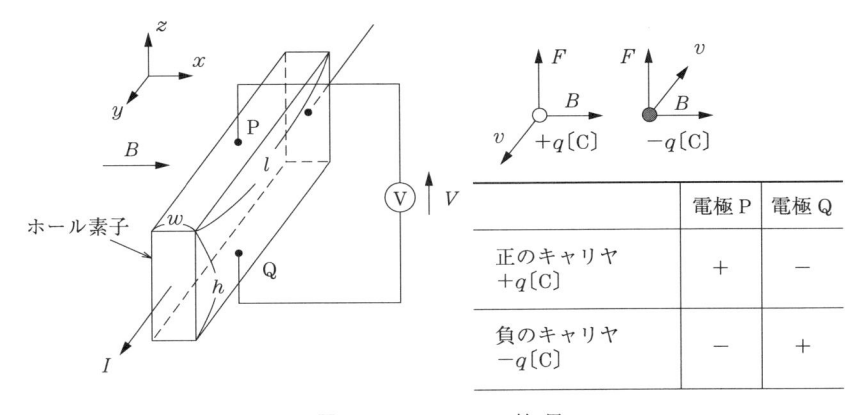

図 **9.26**　ホール効果

〔A〕，w は試料の磁界方向の幅〔m〕である。

ホール効果は，ローレンツ力によって説明できる。いま，導体または半導体のキャリヤ密度を n〔個/m³〕，電荷を q〔C〕，キャリヤの平均速度を v〔m/s〕とする。電流 I は，単位時間当りに通過する電荷の流れであるから，断面積 S〔m²〕を Δt〔s〕間に通過する電荷量 ΔQ は，$\Delta Q = qnS(v\Delta t)$〔C〕となる。したがって，電流密度 i は，次式で与えられる。

$$i = \frac{I}{S} = \frac{\Delta Q/\Delta t}{S} = \frac{qnSv\Delta t/\Delta t}{S} = qnv \ \text{〔A/m}^2\text{〕} \qquad (9.51)$$

電荷 q が速度 v で一様な磁界（磁束密度 B〔T〕）の中を通過すると，次式に示すローレンツ力 F が電荷（キャリヤ）に働く。

$$F = q(vB) \ \text{〔N〕} \qquad (9.52)$$

$q > 0$ の場合，F は $+z$ 方向に働くので電極 P に正電荷が蓄積し，P から Q の方向に電界 E が発生する。また，$q < 0$ の場合，F は $+z$ 方向に働き電極 P に負電荷が蓄積し，Q 側から P 側へ電界 E が発生する。

いま，$q > 0$ の場合を例にとって，電界 E が P 側から Q 側に発生したと仮定すると，電荷 q には電界方向に $F = qE$〔N〕の力が働き，この力とローレンツ力が釣り合うことになる。

$$qvB = qE \ \text{〔N〕} \quad \therefore \quad E = vB \ \text{〔V/m〕} \qquad (9.53)$$

したがって，P-Q 間の電位差 V は，次式で与えられる。

$$V = Eh = vBh \ \text{〔V〕} \qquad (9.54)$$

式 (9.51)，(9.54) の関係より

$$V = \frac{1}{qn}hiB \ \text{〔V〕} \qquad (9.55)$$

となる。ここで，ホール係数 R_H は $R_H = 1/qn$ で与えられる。

半導体においては，キャリヤは正孔（$q > 0$）と電子（$q < 0$）があり，正孔の場合 $R_H > 0$，電子の場合 $R_H < 0$ となる。

以上，ホール効果を利用して，①キャリヤの区別，すなわち p 形と n 形の区別，②キャリヤ密度，③磁界の測定，④ホール係数の測定などに利用できる。

例題 9.8 図 **9.26** をモデルとした実験において,磁束密度 0.3 T の磁界中に $w \times h \times l = 0.5\,\text{mm} \times 2\,\text{mm} \times 8\,\text{mm}$ の大きさの n 型 Si のホール素子を置き,20 mA の電流を流したところ,120 mV のホール電圧が生じた。ホール係数とキャリヤ密度を求めよ。

【解答】 ホール係数 R_H は,n 型 Si であるから $R_H < 0$ である。式 (9.50) より
$$R_H = \frac{wV}{IB} = \frac{0.5 \times 10^{-3} \times (-0.120)}{0.02 \times 0.3} = -0.010\,[\text{m}^3/\text{C}]$$
$R_H = 1/qn$,$q = -e$(e は電子の電荷)の関係より,キャリヤ密度 n は
$$n = \frac{1}{(-e)R_H} = \frac{1}{(-1.602 \times 10^{-19}) \times (-0.010)} = 6.24 \times 10^{20}\,[\text{個/m}^3] \quad \diamondsuit$$

9.4 光学的特性評価

9.4.1 屈折率の測定

〔1〕 光の分類 光は電磁波であり,おもに波長によって**表 9.5** に示すように分類される。光のエネルギー E は,$E = h\nu = hc/\lambda\,[\text{J}]$ (h:プランクの定数,ν:振動数[Hz],c:光速[m/s],λ:波長[m])の関係がある。$\sigma = 1/\lambda\,[\text{m}^{-1}]$ は,**波数**(wave number)と呼ばれる物理量で,単位長さに含まれる波の数を示す。

表 9.5 材料分光分析に用いられる光の種類

光の名称	波長 λ [nm]	振動数 ν [Hz]	エネルギー $h\nu$ [J]*
マイクロ波	$10^9 \sim 10^3$	$3.0 \times 10^8 \sim 3.0 \times 10^{11}$	$1.9 \times 10^{-25} \sim 1.9 \times 10^{-22}$
赤外線(IR)	$10^3 \sim 750$	$3.0 \times 10^{11} \sim 4.0 \times 10^{14}$	$1.9 \times 10^{-22} \sim 2.7 \times 10^{-19}$
可視光線(VR)	$750 \sim 400$	$4.0 \times 10^{14} \sim 7.5 \times 10^{14}$	$2.7 \times 10^{-19} \sim 4.8 \times 10^{-19}$
紫外線(UR)	$400 \sim 10$	$7.5 \times 10^{14} \sim 3.0 \times 10^{16}$	$4.8 \times 10^{-19} \sim 2.0 \times 10^{-17}$
X 線	$50 \sim 0.1$	$6.0 \times 10^{15} \sim 3.0 \times 10^{18}$	$4.8 \times 10^{-18} \sim 2.0 \times 10^{-15}$

* [eV] = 1.602×10^{-19} [J]

〔2〕 屈折率とスネルの法則 光は,物質中を伝播する場合,物質中の電子や格子イオンなどと相互作用が生じて伝播速度は変化する。屈折率 n の媒

質中の光速度 c は，真空中の光速度 c_0 よりも遅くなり，$c = c_0/n$ [m/s]で与えられる．実際の距離 l に対して屈折率を乗じた nl の値は**光学距離**と呼ばれている．

図 **9.27** に示すように，屈折率がそれぞれ n_1，n_2 の物質 1 および 2 の境界面に，境界面の法線に対して角度 θ_1 だけ傾いて単色光線が入射したと仮定する．物質 1 中の光速は $c_1 = c_0/n_1$ であるから，図中の l_1，l_2 の光を比べると，l_1 の光は距離 P_1Q_1 だけ余計に経由した後屈折することになる．この距離 P_1Q_1 の光伝播時間を Δt とすると，$P_1Q_1 = c_1 \Delta t$ である．一方，先に屈折した l_2 の光の物質 2 中の光速は c_0/n_2 であり，同じ Δt 時間に進む距離は $P_2Q_2 = c_2 \Delta t$ である．

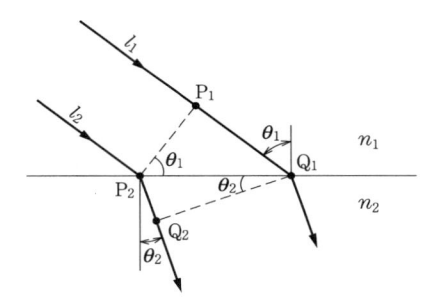

図 **9.27** スネルの法則

いま，物質 1 に対する物質 2 の屈折率を n_{21} とすると

$$n_{21} = \frac{n_2}{n_1} = \frac{c_0/c_2}{c_0/c_1} = \frac{c_1}{c_2} = \frac{c_1 \Delta t}{c_2 \Delta t} = \frac{P_1Q_1}{P_2Q_2} = \frac{\sin \theta_1}{\sin \theta_2} \qquad (9.56)$$

上記の関係を**スネルの法則**（Snell's law）という．

〔3〕 **アッベの屈折率計**[9]　図 **9.28**(a) に示すように，物質 2 の屈折率 n_2 が物質 1 の屈折率 n_1 よりも大きい場合，物質 1 の入射角 θ_1 が 90°になる場合が必ず存在し，このときの屈折角 θ_2 を**臨界角**（critical angle）θ_c と呼び，屈折光の存在する最大の角度となる．

いま，図(b)に示すように，単色光が屈折率 n の被測定試料から屈折率 n_P の標準プリズムに臨界条件で入射し，さらに屈折率 $n_A (n_A \fallingdotseq 1.00)$ の空気中

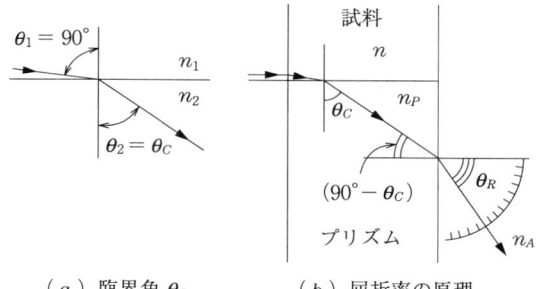

(a) 臨界角 θ_C 　　　(b) 屈折率の原理

図 9.28 屈折率の測定

に屈折した場合を考えると，式 (9.56) よりつぎの条件が成り立つ．

$$\frac{n_P}{n} = \frac{\sin 90°}{\sin \theta_c} = \frac{1}{\sin \theta_c} \tag{9.57}$$

$$\frac{n_A}{n_P} = \frac{\sin(90° - \theta_c)}{\sin \theta_R} = \frac{\cos \theta_c}{\sin \theta_R} \tag{9.58}$$

式 (9.57) より，$\cos^2 \theta_c = 1 - \sin^2 \theta_c = 1 - (n/n_P)^2$ であるから，これを式 (9.58) に代入して

$$\left(\frac{n_A}{n_P}\right)^2 = \frac{\cos^2 \theta_c}{\sin^2 \theta_R} = \frac{1 - (n/n_P)^2}{\sin^2 \theta_R} \tag{9.59}$$

上式の関係より，被測定試料の屈折率 n は，次式で示される．n_P，n_A は既知であるので，θ_R を測定することにより n を求めることができる．

$$n = \sqrt{n_P{}^2 - n_A{}^2 \sin^2 \theta_R} \tag{9.60}$$

9.4.2　光の反射率，吸収係数および透過度の測定[10]

〔1〕 光の強度の変化　　図 9.29 に示すように，強さ I_0 の単色光（単一波長の光）が，空気中（屈折率 n_1）から厚さ d〔m〕の物質（屈折率 n_2）に垂直に入射したと仮定する．

空気中と物質の屈折率の相違から，物質表面 A では入射光の一部が反射し，その反射率（垂直反射率）を R とする．反射率 R と屈折率 n_1，n_2 の間には，次式の関係がある．

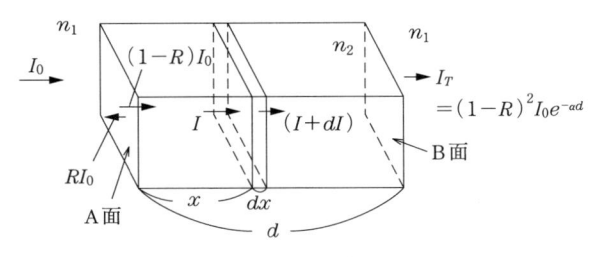

図 **9.29** 光の吸収と反射

$$R = \frac{(n_1 - n_2)^2}{(n_1 + n_2)^2} \tag{9.61}$$

したがって，物質の表面で反射される反射波の強度は RI_0 である．物質（長さ d）の長さ方向に x 座標をとると，$x = 0$ における入射波の強度は，$(1-R)I_0$ となる．

物質内においては，光の強さ I は，物質に吸収されて減衰する．位置 x における光の強さの減衰勾配（$-dI/dx$）は，その点の光の強さ I に比例すると仮定すると，次式の関係が成り立つ．

$$-\frac{dI(x)}{dx} = \alpha_e I(x) \tag{9.62}$$

ここで，α_e は**吸収係数**（absorption coefficient）と呼ばれ，光が単位長進む間に吸収される割合を示し，単位は $[m^{-1}]$ で表す．式 (9.62) を積分し，境界条件として $x = 0$ で $I(0) = (1-R)I_0$ を代入すると，光の強度 $I(x)$ は次式で示される．

$$I(x) = (1-R)I_0 \exp(-\alpha_e x) \tag{9.63}$$

物質通過後の光の強度，すなわち透過光の強度 I_T は，式 (9.61) の関係より再び $x = d$ の B 面において反射率 R で反射されるため，次式で表される．

$$I_T = (1-R)^2 I_0 \exp(-\alpha_e d) \tag{9.64}$$

したがって，**透過度**（transmittance）T は，次式となる．

$$T = \frac{I_T}{I_0} = (1-R)^2 \exp(-\alpha_e d) \tag{9.65}$$

T を 100 倍して％表示したものを**透過率**（transmission facter）と呼び，

％T の記号でしばしば表している。

一方，物質内では，式 (9.63) に示すように，光の強さ I は，吸収係数 a_e と距離 x の積に対して指数関数的に減少していく。この減衰量を示す尺度として，**吸光度** (absorbance) A が，常用対数を用いて次式に示すように定義される。

$$A = -\log_{10} T = -\log_{10} \frac{I_T}{I_0} \tag{9.66}$$

〔2〕 **ランベルト・ベールの法則**　強度 I_0 の単色光が固体，液体，気体などの媒質を通過して，強度 I_T になった場合，反射率 R の影響を除ける条件に設定できるならば，I_T は式 (9.64) より次式で示される。

$$I_T = I_0 \exp(-a_e d) \tag{9.67}$$

したがって，式 (9.66) で定義された吸光度は，対数計算の底の変換に伴い，$a_e/2.303 = a_n$ とおいて次式に変形される。

$$A = -\log_{10} T = -\log_{10} \frac{I_T}{I_0} = \frac{a_e d}{2.303} = a_n d \tag{9.68}$$

すなわち，吸光度 A は，物質（媒質）の厚さ d に比例する（ランベルトの法則），一方，吸収係数 a_n は，媒質中の光を吸収する反応種の濃度 c [mol/l] に比例して増大する（ベールの法則）ので，A はけっきょく次式に示す関係がある。ここで，k はモル吸光係数と呼ばれ，1 mol/l の物質を単位長通過するときの吸光度である。

$$A = a_n d = kcd \tag{9.69}$$

上式の関係を**ランベルト・ベールの法則** (Lambert-Beer の法則) という。

2 成分以上の反応種を含むときは，成分間の相互作用を無視できる場合に限り，各成分が独立して含まれているとして重ね合わせてよい（加成則）。例えば，3 成分系の吸光度は，次式で示される。

$$A = a_{n1} d_1 + a_{n2} d_2 + a_{n3} d_3 = k_1 c_1 d_1 + k_2 c_2 d_2 + k_3 c_3 d_3 \tag{9.70}$$

〔3〕 **透過率，反射率，吸収係数の測定**　光学測定に用いる試料は，固体の場合表面状態が特性に大きな影響を及ぼすので，表面を鏡面研磨する必要が

ある。また，研磨加工時の残留応力の影響を除去するため，アニール（ゆっくり加熱後一定温度に保持しさらに炉中冷却する熱処理で，保持温度 500～600 °C，保持時間 1 時間程度が目安）したほうがよい。

測定は，以下のように行う。平行平板形の試料に垂直にあてた単色光の透過度 T は，式 (9.65) の $T = (1-R)^2 \exp(-a_e d)$ で与えられる。したがって，厚みが異なる試料 d_1, d_2, d_3 を三つ程度用意し，縦軸に $\log T$ を，横軸に試料の厚さ d をとってプロットすると，図 9.30 に示すグラフとなる。

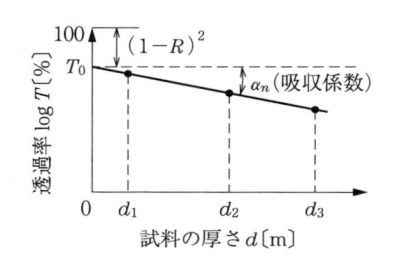

図 9.30 透過率と反射率の測定

透過度は，得られた直線を $d = 0$ に外挿したときの透過率 T_0 を求めればよい。また，反射率 R は，$(1-R)^2 = T_0$ の関係から次式により求まる。

$$R = 1 - \sqrt{T_0} \tag{9.71}$$

反射率が求まれば，式 (9.56) より屈折率 n_2 を求めることができる。ただし，この場合空気の屈折率 n_1 は既知とする。

吸収係数 a_n は，直線部の勾配で示されるから，次式を用いて算出する。

$$a_n = \frac{\log_{10}(T_1/T_2)}{d_2 - d_1} \ [\mathrm{m^{-1}}] \tag{9.72}$$

ただし，T_1，T_2 は，それぞれ厚さ d_1，d_2 のときの透過度である。

例題 9.9 厚さ 1 mm の緑色ガラスの緑色波長 550 nm での透過率は 65 % であった。このガラスの屈折率 n を 1.52 として，吸収係数 a_n を求めよ。ただし，空気の屈折率 n_A は 1.00 とする。

【解答】 反射係数 R は式 (9.61) より求まる。

$$R = \frac{(n_A - n)^2}{(n_A + n)^2} = \frac{(1 - 1.52)^2}{(1 + 1.52)^2} = 0.0462$$

透過度 T は式 (9.65)，式 (9.68) より，次式の関係がある．

$$T = (1 - R)^2 10^{-a_n d}$$

上式より a_n を求めると

$$a_n = -\frac{1}{d}\log_{10}\frac{T}{(1-R)^2} = -\frac{1}{1 \times 10^{-3}}\log_{10}\frac{0.65}{(1-0.0426)^2} = 149.3 \ [\mathrm{m}^{-1}]$$

◇

9.4.3 分 光 分 析[11),12),13)]

〔**1**〕**分 光 装 置**　分光分析は，用いる光の波長により，**赤外分光法**（infrared spectroscopy, IR）と**紫外・可視分光法**（ultraviolet-visible spectrometry, UV-VIS）に大別される．

IR および UV-VIS 装置は，分光する波長帯が異なるが，測定に関する本質的原理は同じであり，IR 装置の一例を**図 9.31** に示す．試料セルと対照セル

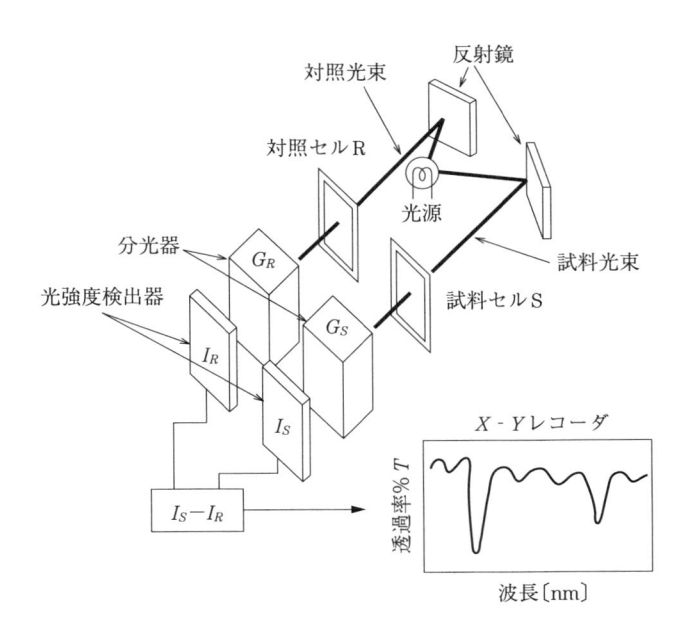

図 9.31　赤外分光装置の一例

168   9. 材料評価技術

が用意され，光源より発した光は2分割されて，試料光束は試料セルを，また，対照光束は対照セルを通過させ，それぞれ分光後の透過光強度を測定し，その比が透過率 $\%T$ または吸光度 A として波長に対して出力される。実際の装置では，分光器と光強度検出器は1台であり，試料光速と対照光速を時間的に切り替えて計測している。

〔2〕 光の吸収　　物質は光を吸収し減衰させるが，この吸収の原因は，表9.6に示すように，物質に固有な吸収と，不純物や構造欠陥に基づく吸収に大別される。

表9.6　光の吸収の分類

光吸収の種類	内　　容	対応する光の種類
物質に固有な吸収	① 基礎吸収　　物質を構成している原子において，価電子帯の電子が，光のエネルギーを吸収して伝導帯へ遷移することに基づく吸収 →半導体や絶縁体の禁制帯幅(エネルギーギャップ)に対応する光エネルギーを吸収するので，結晶体またはアモルファス物質のバンド構造の解析に利用される。 ② 格子振動による吸収　　物質を構成する原子や分子の構造および結合状態により，特定の波長で格子振動エネルギーの吸収が生じる。 →C-H, N-H, O-H, C＝N, C＝O, N＝O, C＝C, C≡Cなどの結合基，異性体の解析に利用され，定量分析にも役立てることができる。	おもに紫外光(UV) 赤外光(IR)
不純物などによる吸収	① 遷移金属元素による吸収　　ガラスにTi, Cr, Fe, Coなどの遷移金属元素イオンが不純物として含まれ，これにO^{2-}などの陰イオンが配位すると，3dまたは4f軌道のエネルギー順位が二つに分裂し，可視光が吸収される。 →人間の目には，吸収された色の補色が映る。 ② 上記のほかに金属コロイドの吸収や格子欠陥(色中心)がある。	可視光(VIS)

物質に固有な吸収は，基礎吸収と格子振動による吸収があり，前者は，UV法によりおもに電気方面でエネルギーギャップ（禁制帯のエネルギー幅）の測定に用いられる。後者は，IR法によりおもに化学方面で物質の構造解析や定量分析に用いられている。

9.4 光学的特性評価

〔3〕 赤外分光法（IR）による結合基の分析

1） 格子振動による吸収　分子は，通常図 **9.32** に示すように，結合分子間で伸縮振動と変角振動など固有の振動を行っている。もし，波長を連続的に変化させた単色の赤外線を分子に当てていくと，分子の固有振動数と照射赤外線の振動数が一致したとき，共振（共鳴）が起きて光の吸収が生じる。このように，分子の振動のうち，双極子モーメントの変化に基づく光吸収のスペクトルを求め，これより分子構造を解析する。

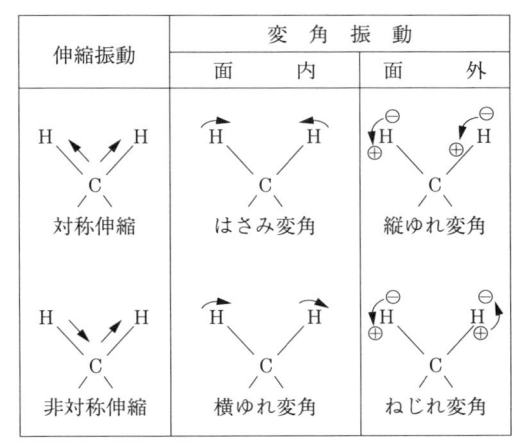

伸縮振動	変角振動	
	面　内	面　外
対称伸縮	はさみ変角	縦ゆれ変角
非対称伸縮	横ゆれ変角	ねじれ変角

⊕，⊖はそれぞれ紙面上部側，紙面下部側への変位を示す。

図 **9.32**　赤外吸収における結合の固有振動（C-H 結合の例）

2） 試料の作成法（KBr 法）　IR 用試料は，液体，固体粉末，固体膜が一般に利用される。試料が薄膜の場合，例えば，Si 基板上に堆積させた膜の場合，特別な処理は不要で試料セルには試料そのものを，対照セルには Si 基板を入れる。

固体粉末試料の場合は，標準的な処理法に KBr 法がある。試料微粉末 1〜4 mg と KBr 粉末 200 mg 程度（試料量の約 100〜300 倍）を乳鉢を用いてよく混合し，円筒状の金型を用いて約 600 Pa 程度の真空下で 500 MPa 程度の圧力でハンドプレスなどにより成形する。試料セルには試料成形体を，また対照セ

ルには KBr のみの成形体を入れて測定する。

3） 定量分析　透過率または吸光度の測定から，含まれる結合基の分析や概略の定量分析を行うことができる。吸光度は，濃度 c と厚さ l の積に比例する関係，すなわち，式 (9.69) のランベルト・ベールの関係式で示される。

例題 9.10　ある物質の赤外線吸収スペクトル分析を透過率モードで行ったところ，図 9.33 に示すように C＝C 結合の伸縮振動に基づく吸収が波長 6060 nm 付近に認められた。この吸収の吸光度 A を求めよ。

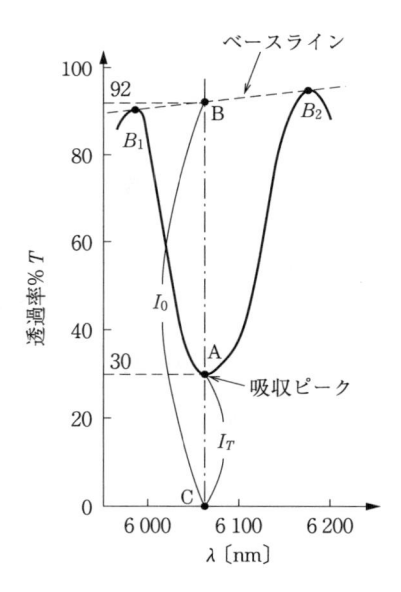

図 9.33　光の透過と吸収

【解答】　点 A（透過率最低位置）が C＝C 結合の吸収ピーク位置である。点 A を通り，透過率軸に平行な線を引き，ベースライン（吸収のすそ野の点 B_1 と点 B_2 を結ぶ直線）との交点 B を決める。点 A の透過率は 30 ％ なので $I_T = \mathrm{AC} = 30\ \%$，点 B の透過率は 92 ％ なので $I_0 = \mathrm{BC} = 92\ \%$ である。ゆえに，吸光度 A は，式 (9.66) より以下に求まる。

$$A = -\log_{10} T = -\log_{10} \frac{I_T}{I_0} = -\log_{10} \frac{30}{92} = 0.487 \qquad \diamondsuit$$

〔4〕 紫外・可視分光法（UV-VIS）による半導体のエネルギーギャップの測定

エネルギーギャップの測定は，図 9.34 に示すように基礎吸収部（表 9.6 参照）の吸収端の波長に対する吸光度の変化から測定できる。遷移の仕方により GaAs や InSb などに見られる直接遷移形と Si などに見られる間接遷移形があり，吸収係数を a_n，エネルギーギャップの大きさを E_{oG} とすると，つぎの3種類の関係に集約される。

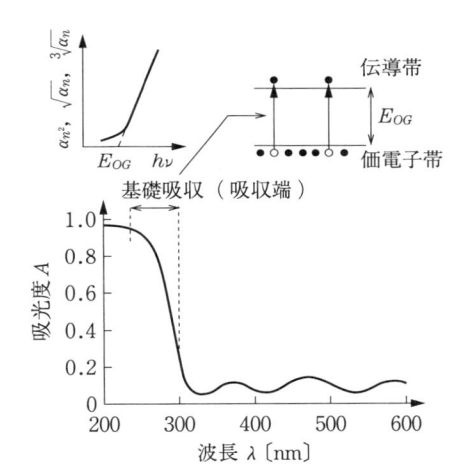

図 9.34 紫外・可視分光法によるエネルギーギャップ E_{oG} の測定

直接遷移形の場合は次式のようになる。

$$a_n \propto (h\nu - E_{oG})^{1/2} = \left(h\frac{c}{\lambda} - E_{oG}\right)^{1/2} \tag{9.73}$$

間接遷移形の場合は，さらに式 (9.74) および式 (9.75) に示す，2乗と3乗に変化する二つのケースがある。

$$a_n \propto (h\nu - E_{oG})^2 = \left(h\frac{c}{\lambda} - E_{oG}\right)^2 \tag{9.74}$$

$$a_n \propto (h\nu - E_{oG})^3 = \left(h\frac{c}{\lambda} - E_{oG}\right)^3 \tag{9.75}$$

横軸に光子のエネルギー $h\nu$，縦軸に吸収係数 a_n の a_n^2，$a_n^{1/2}$，$a_n^{1/3}$ をとってグラフを描き，直線関係が得られたグラフから E_{oG} を求める。

例題 9.11 プラズマ CVD 法により合成した厚さ 0.5 μm の窒化ケイ素 (Si_3N_4) 膜について，UV-VIS 装置により基礎吸収の吸収端の吸光度の変化を調べたところ，波長に応じて**表 9.7** のように変化した．この膜は，式 (9.74) の関係があると仮定して，エネルギーギャップ E_{0G} を求めよ．

表 9.7

λ [nm]	195	200	205	210	215	220	225
A	1.77	1.28	0.890	0.560	0.335	0.180	0.105

【解答】 波長 λ よりエネルギー $E = h\nu$ [J]，吸光度 A より吸収係数 $\alpha_n = A/d$ (d は膜の厚さで 0.5×10^{-6} m) を求め，**表 9.8** を作成する．

表 9.8

λ [nm]	$E = h\nu$ $\times 10^{-19}$ [J]	A	α_n $\times 10^6$ [m^{-1}]	$\sqrt{\alpha_n}$ $\times 10^3$ [m$^{-1/2}$]
195	10.2	1.77	3.54	1.88
200	9.95	1.28	2.56	1.60
205	9.70	0.890	1.78	1.33
210	9.47	0.560	1.12	1.06
215	9.25	0.335	0.67	0.819
220	9.04	0.180	0.36	0.600
225	8.84	0.105	0.21	0.458

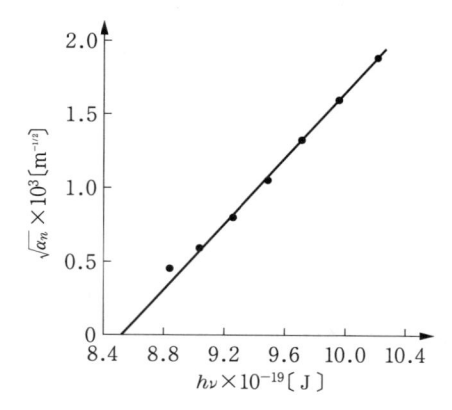

図 9.35 エネルギーギャップ測定における $\sqrt{\alpha_n}$ (α_n：光の吸収係数) と光のエネルギー $h\nu$ の関係

エネルギー E と吸収係数 $\sqrt{a_n}$ の関係をプロットすると図 **9.35** に示す直線的関係が求まり，この直線と横軸との交点がエネルギーギャップ E_{0G} の大きさを示す．$E_{0G} = 8.52 \times 10^{-19}$ J (5.32 eV) と求まる．　　　　　　　　　　　◇

9.5　機械的特性評価

9.5.1　硬　　　　度[14),15),16)]

硬度は，硬い圧子に荷重 P〔N〕をかけて材料に押し込み，除荷後材料表面にできたくぼみの表面積 S〔m²〕を求め，次式に示すように，P/S の値を用いて示している．

$$\text{硬度} = \frac{\text{圧子荷重 } P}{\text{くぼみの表面積 } S} \text{〔Pa〕} \quad (9.76)$$

荷重 P が一定の場合，硬い材料ほどくぼみの表面積 S が小さく，硬度は高い．一般に，硬度の高い材料ほど引張強度などの機械的強度は大きく，他の材料と接触したときの耐摩耗性が高い．図 **9.36** に示すように，圧子が四角錐形状のビッカース硬度，球形状のブリネル硬度などが広く用いられている．

（a）ビッカース硬度　　　　　（b）ブリネル硬度

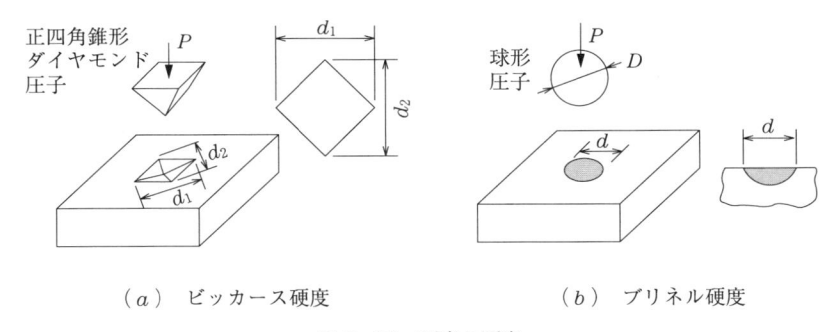

図 **9.36**　硬度の測定

〔**1**〕**ビッカース硬度**　　ビッカース硬度 (Vickers hardness) は対面角が 136°の正四角錐形ダイヤモンド圧子を用い，一定荷重 P を圧子に印加した状態で一定時間 (15〜20 秒) 保持し，除荷後，材料の表面に残ったくぼみの対角線長さ d_1, d_2 を光学顕微鏡で読み取り，その平均値 d から，次式により算

出する。
$$H_V = \frac{2P}{d^2}\sin\left(\frac{136°}{2}\right) = 1.8544\frac{P}{d^2} \; \text{[Pa]} \tag{9.77}$$
ただし，H_V：ビッカース硬度〔Pa〕，P：圧子荷重〔N〕，d：くぼみの対角線長さの平均値〔m〕である。

薄膜のビッカース硬度を測定する場合は，基板の硬度の影響が出ないように，くぼみの深さ $0.143d$ が，膜厚の 1/10 以下に納まるように圧子荷重を設定する（または膜厚を $1.5d$ 以上とする）。

例題 9.12 ビッカース硬度は，式 (9.77) で示されることを示せ。ただし，$d_1 = d_2 = d$ とする。

【解答】 図 **9.37** に正四角錐形のビッカースくぼみの寸法図形を示す。

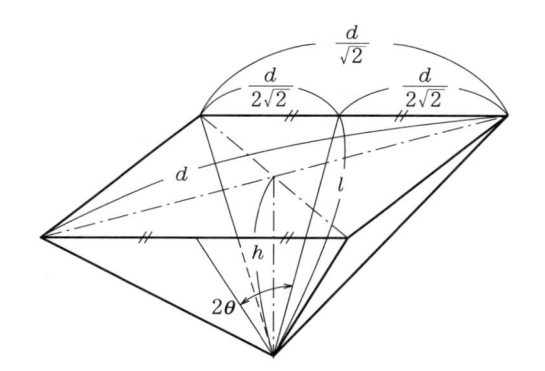

図 9.37 ビッカースくぼみ

ビッカース圧痕の一つの側面（二等辺三角形）の高さ l は次式で与えられる。
$$l = \sqrt{h^2 + \left(\frac{d}{2\sqrt{2}}\right)^2} \; \text{[m]}$$
よって，四つの側面の面積の合計 S は
$$S = 4\left(\frac{1}{2}\cdot\frac{d}{\sqrt{2}}l\right) = \sqrt{2}d\sqrt{h^2 + \frac{d^2}{8}}$$
ここで，$h\tan(136°/2) = d/2\sqrt{2}$ の関係を用いると
$$S = \frac{d^2}{2}\sqrt{\frac{1}{\tan^2(136°/2)} + 1} = \frac{d^2}{2}\cdot\frac{1}{\sin(136°/2)} \; \text{[m}^2\text{]}$$

ビッカース硬度 H_V は，式 (9.76) より次式で求まる。

$$H_V = \frac{P}{S} = \frac{2P}{d^2} \sin\left(\frac{136°}{2}\right) \text{ [Pa]} \qquad \diamondsuit$$

〔2〕 **ブリネル硬度** ブリネル硬度 (Brinell hardness) は，図 **9.36** (b) に示すように鋼または超硬合金製の球状圧子を用いて材料に荷重 P を加えて球状のくぼみを付け，除荷後のくぼみの直径 d からくぼみの表面積 S を算出し，P/S の値で示される。鋼球圧子を用いた場合は H_{BS}，超硬合金球圧子を用いた場合は H_{BW} の記号を用いて表示する。

$$H_{BS} = \frac{2P}{\pi D(D - \sqrt{D^2 - d^2})} \text{ [Pa]} \qquad (9.78)$$

ここで，D：圧子の直径[m]，d：くぼみの直径[m]，P：圧子荷重[N]である。

9.5.2 引 張 強 度[15)]

図 **9.38** に示すように，材料を中央部がくびれた平行部をもつ試験片形状に加工後，万能試験機（引張試験機）を用いて矢印の示す試験片の長手方向に引張荷重をかけ，材料の引張強度を求めることができる。試験片を引っ張るとき，材料内部に働く単位断面積当りの力を応力と呼ぶ。応力 σ は，引張荷重

応力 $\sigma = \dfrac{P}{S_0}$ [Pa]

真応力 $\sigma_t = \dfrac{P}{S_t}$ [Pa]

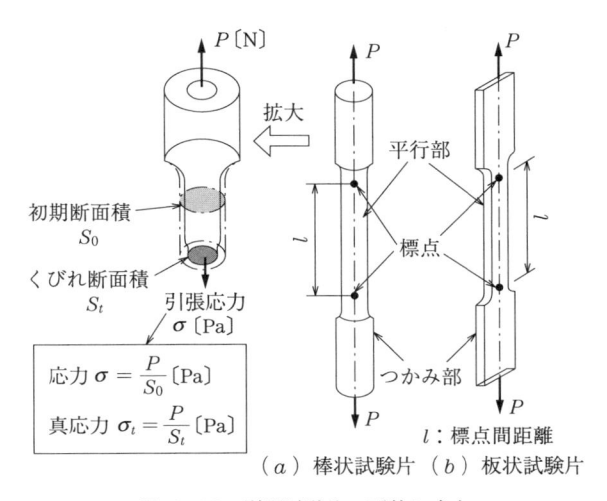

(a) 棒状試験片　(b) 板状試験片

l：標点間距離

図 9.38 引張試験片の形状と応力

を P [N],引張荷重を加える前の(もともとの)試験片断面積を S_0 [m²] とすると,次式で与えられる。

$$\sigma = \frac{荷重\ P}{引張試験を行う前の断面積\ S_0} \ [\text{Pa}] \tag{9.79}$$

また,標点間距離は,荷重を印加すると l_0 [m] より l [m] に伸びるが,伸びの量を $\Delta l = l - l_0$ [m] とすると,引張方向のひずみ ε は次式で表される。

$$\varepsilon = \frac{伸び\ \Delta l}{標点間距離\ l_0} = \frac{l - l_0}{l_0} \tag{9.80}$$

応力-ひずみ(σ-ε)線図は,横軸にひずみ,縦軸に応力で表したもので,材料の機械的特性を知るうえで大切である。図 **9.39** に低炭素鋼(0.1~0.2 mass%程度の炭素を含む鉄合金),アルミニウムおよび銅,鋳鉄およびセラミックスそれぞれの σ-ε 線図を示す。

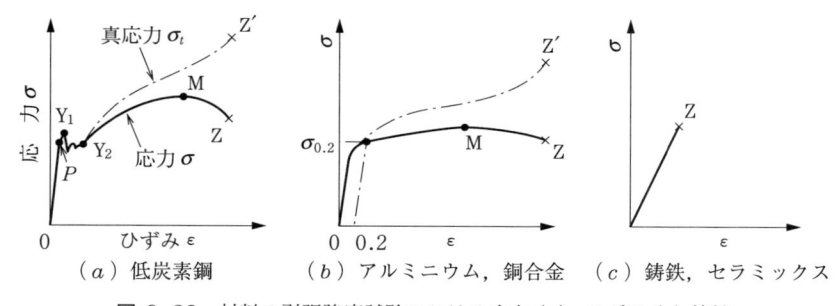

図 **9.39** 材料の引張強度試験における応力(σ)-ひずみ(ε)特性

図(a)に示す低炭素鋼の場合,Y_1~Y_2 間は,荷重があまり変化していないが大きく伸びる現象が現れる(これを降伏現象と呼ぶ)のが特徴である。図(b)に示す純度の高いアルミニウムあるいは銅合金の場合は,荷重に対してひずみ(伸び)が大きく,鋼の場合のような降伏現象のない特性を示す。このような特性を示す場合は,ひずみが0.2%のときの応力(0.2%耐力)を求め,この値を構造設計上の目安の強度として用いられることが多い。図(c)に示す鋳鉄およびセラミックスの場合は,ほとんど伸びずに破壊する。

例題 9.13 直径 10 mm の丸棒試験片の引張試験を行ったところ,最大引

張荷重（図 **9.39** の点 M に対応する荷重）は 40 kN であった。また，このときの標点間距離 50 mm の伸びは，4.10 mm であった。引張強度 σ_M とそのときのひずみ ε_M を求めよ。

【解答】 引張強度 σ_M およびひずみ ε_M は，それぞれ次式で与えられる。

$$\sigma_M = \frac{P}{S_0} = \frac{P}{\pi d^2/4} = \frac{40.0 \times 10^3}{\pi \times 0.01^2/4} = 5.10 \times 10^8 \text{ [Pa]}$$

$$\varepsilon_M = \frac{\Delta l}{l_0} = \frac{4.10 \times 10^{-3}}{50 \times 10^{-3}} = 0.082$$

ゆえに $\sigma_M = 510$ MPa，$\varepsilon_M = 8.20$ ％と求まる。 ◇

9.5.3 曲げ強度

セラミックス材料などは硬いため，引張試験片形状に加工することは困難なので，しばしば曲げ強度試験が行われている。図 **9.40** に示すように，3点曲げ法あるいは4点曲げ法により荷重を印加すると，試験片の上面に最大圧縮応力，下面に最大引張応力が働き，下面部の最大引張応力が試験材の引張強度に達したとき破断する。荷重は，万能試験機を用いた圧縮試験により測定するが，荷重を印加するヘッド（クロスヘッドと呼ばれる）の移動速度は，0.5 mm/min 以下の極低速で行う。なお，セラミックスの試験片寸法は，幅 4 mm，高さ 3 mm，長さ 40 mm 程度（JIS R 1601）である。

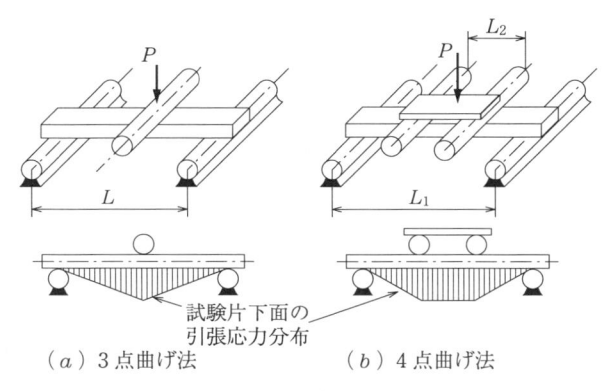

(a) 3点曲げ法　　(b) 4点曲げ法

図 **9.40** 曲げ強度の測定

3点曲げ強度の計算式を式 (9.81) に，4点曲げ強度の計算式を式 (9.82) に示す。

$$\sigma_{B3} = \frac{3PL}{2WH^2} \quad (3点曲げ強度)〔Pa〕 \quad (9.81)$$

$$\sigma_{B4} = \frac{3P(L_1 - L_2)}{2WH^2} \quad (4点曲げ強度)〔Pa〕 \quad (9.82)$$

ここで，P：破断したときの最大荷重〔N〕，W：試験片の幅〔m〕，H：試験片の高さ〔m〕，L_1（または L）：下部スパン長〔m〕，L_2：上部スパン長〔m〕である。

9.5.4 付 着 強 度[16),17)]

膜を基板にコーティングした場合，膜と基板の間に働く力の大きさを**付着強度**と呼んでいる。付着強度の代表的測定法には，引張法，スクラッチ法がある。

〔1〕 引 張 法　引張法 (pull test) は，図 **9.41**(a) に示すように，接着剤（特に接着力の強いエポキシ系がしばしば使用される）を用いて膜と基板間を膜面と垂直方向に引き剥がす方法である。剥離時の最大荷重を P_p〔N〕，剥離面の面積（接着面積）を S〔m²〕とすると，付着強度 σ_{ad} は次式で表

（a）引張法　　　　　　　　（b）スクラッチ法

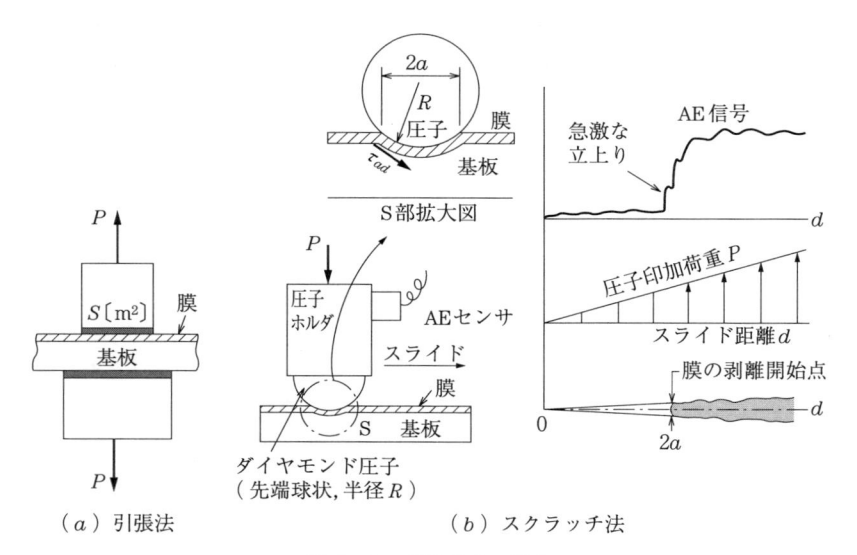

図 **9.41**　付着強度の測定

される。

$$\sigma_{ad} = \frac{P_p}{S} \ [\mathrm{Pa}] \tag{9.83}$$

この方法は，膜と基板の付着強度が接着剤と膜または基板間の付着強度よりも弱い場合に適用される。

〔2〕 **スクラッチ法**　　**スクラッチ法**は，図 **9.41**(*b*)に示すように，先端半径 R の球状型ダイヤモンド圧子を膜面方向にスライドさせながら膜面に垂直にかかる荷重 P を徐々に増加し，圧子が膜を剥離させたときの荷重 P_p を測定する方法である。剥離が生じているかどうかの判定には，光学顕微鏡で観察する方法や **AE**（acoustic emission）**法**が用いられている。本法の付着強度の表示の仕方としては，①圧子半径 R を明記したうえで剥離開始荷重 P_p を示す，②圧子により膜の縁部分に働く膜と基板間のせん断応力 τ_{ad} を次式より求めて示すなどの方法が用いられている。

$$\tau_{ad} = \frac{a\sigma_p}{\sqrt{R^2 - a^2}} \ [\mathrm{Pa}] \tag{9.84}$$

$$\text{ただし，} a = \sqrt{\frac{P_p}{\pi\sigma_p}} \ [\mathrm{m}] \tag{9.85}$$

ここで，σ_p は圧子が膜または基板に及ぼす圧力であり，ブリネル硬度に等しい。また，$2a$ は剥離が開始した点の膜の剥離幅に等しい。本方法は，膜と基板間の付着強度が大きい場合に広く適用されている。

9.5.5　薄膜の内部応力[16),17)]

蒸着，メッキなどの薄膜形成法により基板上に堆積させた膜は，多少なりとも膜と基板との間に応力が発生する。膜に強い引張の内部応力が作用した場合は膜面にクラックが発生し，また，強い圧縮の内部応力が作用した場合，膜の自然剥離が発生することがあり，さらに，圧縮・引張応力いずれの場合も膜を含めた基板全体の機械的強度にも影響を及ぼす。

図 **9.42** に示すように，基板に膜をコーティングした場合，基板のそりが膜側に凹となる場合は，基板がもとの平面に戻ろうとするため膜に引張力を外

(a) 引張応力 (b) 圧縮応力

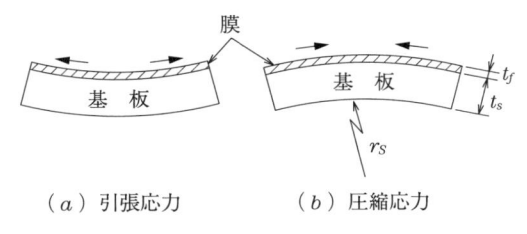

図 9.42 膜の内部応力の測定

力として及ぼし，膜中の内部応力は引張応力状態となる。一方，基板のそりが膜側に凸となる場合は，反対に膜中は圧縮応力状態となる。

内部応力の測定法には，円板法，回折法などがある。

円板法は，薄い円板の片面に膜を堆積させたときの基板のそりの曲率半径 r_s を測定して，次式に示す**ストーニー・ホフマンの式**に代入して求める。

$$\sigma_i = \frac{E_s t_s^2}{6(1-\nu_s) r_s t_f} \; [\mathrm{Pa}] \qquad (9.86)$$

ここで，E_s, t_s, ν_s, r_s は，それぞれ基板のヤング率〔Pa〕，厚さ〔m〕，ポアソン比，曲率半径〔m〕である。また，t_f は膜厚〔m〕である。r_s は，触針式表面形状測定器（表面粗さ計）やニュートンリングなどの光の干渉縞を利用して測定する。本法の長所は，膜の構造が結晶質，非晶質を問わず，適用範囲が広いことである。

回折法は，X 線回折装置を用い，なるべく回折角 2θ が高角（180°に近い）の回折格子面のピークから面間隔を求め，次式より算出する。

$$\sigma_i = \frac{E_f}{2\nu_f} \cdot \frac{d_0 - d}{d_0} \; [\mathrm{Pa}] \qquad (9.87)$$

ただし，E_f, ν_f は，それぞれ薄膜のヤング率〔Pa〕とポアソン比であり，d_0 は内部応力のない状態のある格子面の面間隔，d は内部応力（ひずみ）がある場合の同じ格子面の面間隔である。$d_0 > d$ の場合は圧縮応力となる。本方法において，格子面の間隔は，応力だけでなく膜材料の組成（化合物の場合，原子組成比）の変化によっても生じることがあるので注意を要する。

例題 9.14 厚さ 0.15 mm の円形ガラス基板に厚さ 2 μm のセラミックス膜をコーティングしたところ，基板は膜側に凸となり，基板の曲率半径は 300 mm であった。基板のヤング率を 70 GPa，ポアソン比を 0.23 として，膜の内部応力を求めよ。

【解答】 式 (9.86) を用いて，膜の内部応力 σ_i は，次式のように計算される。

$$\sigma_i = \frac{E_s t_s^2}{6(1-\nu_s) r_s t_f} = \frac{70 \times 10^9 \times (0.15 \times 10^{-3})^2}{6(1-0.23) \times 300 \times 10^{-3} \times 2 \times 10^{-6}}$$
$$= 5.68 \times 10^8 \ [\text{Pa}]$$

ゆえに，568 MPa の圧縮応力が働いている。　　◇

演 習 問 題

【1】 窒化チタン TiN の微粉末を X 線（$CuK_{\alpha1}$ 線）を用いて分析した。TiN (200) 面の回折ピークが現れる位置の回折角 2θ を求めよ。もし，$MoK_{\alpha1}$ 線を用いたとしたら，回折角 2θ は何度となるか。

【2】 TiB_2 と B_4C の複合体がある。TiB_2 と B_4C の理論密度をそれぞれ 4 530，2 517 kg/m³ とするとき，つぎの場合の複合体理論密度を求めよ。
　（1）　40 mass % TiB_2 と 60 mass % B_4C を含む複合体
　（2）　40 mol % TiB_2 と 60 mol % B_4C を含む複合体

【3】 アルキメデス法（水中に物体をつるして密度を求める方法）により，アルミナ（Al_2O_3）焼結体の密度を測定した。乾燥焼結体の質量 m_1 は 12.061 g，焼結体を水中につるしたときの質量 m_2 は 9.023 g，ごく細いつるしたワイヤの空中質量 m_3 は 0.102 g であった。水の密度 ρ_w を 999.0 kg/m³ として，この焼結体の密度を求めよ。

【4】 ホウ化チタン（TiB_2）は，金属並みの導電性をもつセラミックスである。4 端子法を用いて，断面 4 mm × 3 mm の棒状試料に 1 A の電流を流し，スパン距離 18 mm の電圧端子間に接続した電圧計で電圧降下を測定したところ，0.141 mV を示した。このセラミックスの抵抗率と導電率を求めよ。

【5】 内径 × 外径が 20 mm × 30 mm で断面積 10 mm² のフェライト製環状磁心を焼結した。これにコイルを 100 回巻き付けて *LCR* インピーダンスメータを用いて直列モード，周波数 1 kHz で測定したところ，$Z = 50.5\ \Omega$，$\theta = 84.6°$

と計測された。本フェライト材料の比透磁率 μ_r を求めよ。

【6】 試作した透明セラミックスを厚さ 1，2 および 3 mm の板に切り出し，赤色の単色光を当てて透過率を測定したところ，それぞれ 80，71，63 ％であった。この材料の赤色での反射率 R，屈折率 n，吸収係数 a_n を求めよ。ただし，空気の屈折率 n_A は 1.00 とする。

【7】 あるセラミック材料のビッカース硬度を圧子荷重 1 kgf で測定したところ，圧痕の対角線長さの平均値は 36.2 μm であった。この材料のビッカース硬度を求めよ。

【8】 直径 10 mm の鋼球圧子を用いて，荷重 29.42 kN（3 000 kgf）で材料のブリネル硬度を測定した。くぼみの直径が 4.3 mm であるとき，この材料のブリネル硬度を求めよ。

【9】 4 点曲げ法によりガラスの曲げ強度を測定した。上部スパン 10 mm，下部スパン 30 mm で，荷重が 200 N のとき破壊した。試験片の幅 4 mm，高さ 3 mm として，曲げ強度を求めよ。

【10】 スクラッチ法によりガラス基板上にコーティングしたセラミックス膜の付着強度を測定した。先端半径 200 μm の球状圧子を用いてスクラッチしたとき，荷重 15 N で膜の剥離が開始した。ガラス基板のブリネル硬度を 3.5 GPa として，膜の剥離幅とせん断応力を求めよ。

引用・参考文献

5章

1) 近角聡信：物理学選書4 強磁性体の物理（上），裳華房（1978）
2) 内山　晋，増田守男：電気・電子工学大系30 磁性体材料，コロナ社（1980）
3) 近角，太田，安達，津屋，石川編：磁性体ハンドブック，朝倉書店（1975）

6章

1) 伊原英雄，戸叶一正：材料テクノロジー19 超伝導材料，東京大学出版会（1987）
2) 日本材料科学会編：先端材料シリーズ 電気伝導の基礎と材料，裳華房（1991）
3) 北田正弘，樽谷良信：超電導を知る事典，アグネ承風社（1991）

8章

1) 稲垣道夫，菱山幸宥：ニューカーボン材料，技報堂出版（1994）
2) 炭素材料学会編：新・炭素材料入門，リアライズ社（1996）
3) K. E. Spear, A. W. Phelps and W. B. White：*J. Mater. Res.*, **5**, pp.2277-2285 (1990)
4) F. P. Boundy, H. T. Hall, H. M. Strong and R. J. Wentrof：-*Jr. Nature*, **176**, pp.51-54 (1955)
5) K. E. Spear：*J. Am. Ceram. Soc.* **72**, pp.171-191 (1989)
6) H. W. Kroto, J. R. Hearh, S. C. O'Brien, R. F. Curl and R. E. Smalley：*Nature*, **318**, pp.162-163 (1985)
7) 大澤映二：化学，**25**, p.850（1970）
8) K. Lafdi, S. Bonnamy and A. Oberline：*Carbon*, **28**, p.631 (1990)；*Carbon*, **29**, p.233 (1991)；*Carbon*, **29**, p.831 (1991)；*Carbon*, **29**, p.849 (1991)
9) J. D. Brooks and G. H. Taylor：*Carbon*, **3**, p.185 (1965)
10) T. Koyama：*Carbon*, **10**, p.757 (1972)
11) M. Endo：*Chemtech*, **18**, pp.568-576 (1988)
12) J. R. Fryer：*Carbon*, **19**, pp.431-439 (1981)

13) P. Pfeifer and D. Avnir：*J. Chem. Phys.*, **79,** pp.3558-3565 (1983); D. Avnir, P. Pfeifer and D. Farin：*J. Chem. Phys.*, **79,** pp.3566-3671 (1983)
14) K. Oshida, K. Kogiso, K. Matsubayashi, K. Takeuchi, S. Kobayashi, M. Endo, M. S. Dresselhaus and G. Dresselhaus：*J. Mater. Res.*, **10,** pp.2507-2517 (1995)
15) 高安秀樹：フラクタル，朝倉書店 (1986)
16) 炭素材料学会編：アドバンスド・カーボンシリーズ 2 黒鉛層間化合物，リアライズ社 (1990)

9章

1) B. D. Cullity 著，松村源太郎訳：X線回折要論，pp.1-208，アグネ (1980)
2) 上田良二編：実験物理学講座23 電子顕微鏡，pp.325-391，共立出版 (1982)
3) 京都工芸繊維大学無機材料工学科編：セラミックス実験マニュアル，pp.119-127，日刊工業新聞社 (1989)
4) 川端 昭，大森豊明：電子電気材料工学，pp.267-298，培風館 (1987)
5) 日野太郎：電気学会大学講座 電気計測基礎，pp.49-51，電気学会 (1983)
6) 実用電子計測器ハンドブック編集委員会編：実用電子計測器ハンドブック，pp.137-141，東京電機大学出版局 (1983)
7) 藤沢政幸他：日置技報，**8,** 1, pp.59-68，日置電機 (1987)
8) 阿部武雄，村山 実：電気・電子計測，pp.119-123，森北出版 (1988)
9) 京都工芸繊維大学無機材料工学科編：セラミックス実験マニュアル，pp.139-142，日刊工業新聞社 (1989)
10) 一ノ瀬昇，平野眞一：ファインセラミックステクノロジーシリーズ5 光機能材料セラミックス，pp.40-41，オーム社 (1988)
11) 化学同人編集部編：機器分析のてびき(1)，pp.1-96，化学同人 (1979)
12) 田中誠之，飯田芳男編：基礎化学選書7 機器分析，pp.70-103，裳華房 (1982)
13) 材料・デバイス実験教育調査専門委員会編：電気・電子材料デバイス実験，pp.92-100，電気学会 (1980)
14) J. H. Westbrook and H. Conrad：The Science of Hardness Testing and Its Rearch Applications, pp.1-186, American Society for Metals (1973)
15) 山名式雄，矢澤健三：材料試験入門，pp.1-134，工学図書 (1988)
16) 金原 粲，藤原英夫：応用物理学選書3 薄膜，pp.105-149，裳華房 (1979)
17) 日本学術振興会薄膜第131委員会編：薄膜ハンドブック，pp.327-355，オーム社 (1983)

演習問題解答

2章

【1】 20 ℃における銀の抵抗率を ρ_{20} とすると

$$\rho_{20} = 1.47 \times 10^{-8} + \frac{2.08 \times 10^{-8} - 1.47 \times 10^{-8}}{100} \times 20 = 1.59 \times 10^{-8} \; [\Omega \cdot m]$$

と計算される。また、0〜100 ℃の温度範囲の平均温度係数 α_0 は

$$\alpha_0 = \frac{2.08 \times 10^{-8} - 1.47 \times 10^{-8}}{100 \times 1.47 \times 10^{-8}} = 4.15 \times 10^{-3}$$

となる。

【2】 銀1モルの体積 V は

$$V = \frac{M}{\rho_m} = \frac{108 \times 10^{-3}}{10.5 \times 10^3} = 1.03 \times 10^{-5} \; [m^3]$$

である。銀の原子の価電子は1であるから、1モルの銀が供出する電子数 N は、$N = 6.02 \times 10^{23}$ 個である。したがって銀の伝導電子の濃度は

$$n = \frac{N}{V} = \frac{6.02 \times 10^{23}}{1.03 \times 10^{-5}} = 5.84 \times 10^{28} \; [m^{-3}]$$

となる。電流密度 J は、式 (2.9) より

$$J = \frac{E}{\rho} = -ne\langle v_x \rangle$$

と表される。したがって電荷のドリフト速度 $\langle v_x \rangle$ は

$$\langle v_x \rangle = -\frac{E}{\rho n e} = \frac{1 \times 10^3}{1.54 \times 10^{-8} \times 5.84 \times 10^{28} \times 1.602 \times 10^{-19}}$$
$$= 6.94 \; [m/s]$$

となる。また、式 (2.8) より移動度 μ、緩和時間 τ は、それぞれ

$$\mu = \frac{\langle v_x \rangle}{E} = \frac{6.94}{1 \times 10^3} = 6.94 \times 10^{-3} \; [m^2/V \cdot s]$$

$$\tau = \frac{\mu \times m}{e} = \frac{6.94 \times 10^{-3} \times 9.107 \times 10^{-31}}{1.602 \times 10^{-19}} = 3.95 \times 10^{-14} \; [s]$$

と求められる。

【3】 直径 r [m] の導線の断面積を S [m³] とすると式 (2.12) より、導線に流れる電流 I は

$$I = \frac{SV}{\rho l} \,[\text{A}]$$

と表せる。導線の総重量は同じであるから，作り直した直径 $2r$ [m] の導線の断面積は $4S$ [m²]，長さは $l/4$ [m] となる。電圧 V [V] をかけたとき流れる電流を I' とすると

$$I' = \frac{4SV}{\rho l/4} = 16I \,[\text{A}]$$

となり，直径 $2r$ [m] の導線は直径 r [m] のものより 16 倍の電流が流れることがわかる。このことから，直径 r [m] および直径 $2r$ [m] の導線の抵抗をそれぞれ R, R' とすると

$$R = \frac{V}{I} \,[\Omega], \quad R' = \frac{V}{16I} \,[\Omega]$$

と計算される。

【4】 本文参照。
【5】 本文参照。
【6】 本文参照。
【7】 本文参照。

3 章

【1】 式 (3.6)，(3.10) にそれぞれ値を代入して計算すればよい。

$$\begin{aligned}
N_c &= 2\left(\frac{2\pi m_e^* kT}{h^2}\right)^{\frac{3}{2}} \\
&= 2\left(\frac{2 \times 3.14 \times 0.33 \times 9.109 \times 10^{-31} \times 1.381 \times 10^{-23} \times 300}{(6.626 \times 10^{-34})^2}\right)^{\frac{3}{2}} \\
&= 4.76 \times 10^{24} \,[\text{m}^{-3}]
\end{aligned}$$

$$\begin{aligned}
N_v &= 2\left(\frac{2\pi m_h^* kT}{h^2}\right)^{\frac{3}{2}} \\
&= 2\left(\frac{2 \times 3.14 \times 0.47 \times 9.109 \times 10^{-31} \times 1.381 \times 10^{-23} \times 300}{(6.626 \times 10^{-34})^2}\right)^{\frac{3}{2}} \\
&= 8.09 \times 10^{24} \,[\text{m}^{-3}]
\end{aligned}$$

【2】 (1) III 族元素のホウ素 (B) がドープされているので p 形である。

(2) 温度が 300 K であるので，ドープされた不純物はすべてキャリヤを放出してイオン化しているものと考えられる。したがって，多数キャリヤは不純物密度にほぼ等しいとしてよいので $p = 1 \times 10^{22}$ m^{-3}。

pn 積は一定であるから，少数キャリヤである電子の密度 n は，多数キャリヤと真性キャリヤの密度から

$$n = \frac{n_i^2}{p} = \frac{(1.5 \times 10^{16})^2}{1 \times 10^{22}} = 2.25 \times 10^{10} \text{ [m}^{-3}\text{]}$$

となる。

（3） 伝導形を反転させるためには，多数キャリヤ密度と少数キャリヤ密度との大きさの関係を逆転させればよい。この問題では，はじめⅢ族元素のホウ素(B)が多数キャリヤを供給している不純物（アクセプタ）であったので，それとは逆の性質のドナーとなるⅤ族元素（例えば，リン(P)）を，ホウ素の密度（数)以上にドープすれば，多数キャリヤは正孔から電子に変わり，伝導形が逆転する。このとき，多数キャリヤ密度は，(後からドープした不純物の密度) －(はじめに存在した不純物の密度)になる。

【3】 真性半導体であるから，キャリヤ密度は $p = n = n_i$ である。真性キャリヤ密度 n_i は

$$n_i = \sqrt{N_c N_v} \exp\left(-\frac{E_g}{2kT}\right)$$

で与えられる。この式の両辺の対数をとると

$$\ln n = \ln \sqrt{N_c N_v} - \frac{E_g}{2kT}$$

ここで，$\ln n = Y$，$1/T = X$ とおくと，$\ln \sqrt{N_c N_v}$ は定数 $(= C)$ であるので

$$Y = C - \frac{E_g}{2k} X$$

と書ける。したがって，温度に対するキャリヤ密度の変化のデータを，$1/T = X$ を横軸，$\ln n = Y$ を縦軸にとってグラフにすれば，その傾きが $-E_g/2k$ となり，E_g が求められる。

4章

【1】 本文 **4.1.1** 項を参照。
【2】 本文 **4.1.2** 項を参照。
【3】 本文 **4.1.4** 項を参照。

5章

【1】 磁気モーメントの定義式より
$$M = \mu_0 i S = 1.26 \times 10^{-6} \times 3.14 \times (2.0 \times 10^{-2})^2 = 1.6 \times 10^{-9} \text{ [Wb·m]}$$

【2】 Ni 原子1個の質量は

$$m = \frac{58.7 \times 10^{-3}}{6.02 \times 10^{23}} = 9.75 \times 10^{-26} \,[\text{kg}]$$

単位体積当りの Ni 原子数は

$$N = \frac{8.8 \times 10^3}{9.75 \times 10^{-26}} = 9.03 \times 10^{28} \,[\text{個}/\text{m}^3]$$

キュリー・ワイスの法則より

$$C = NM^2/3k$$
$$= \frac{9.03 \times 10^{28} \times (7.3 \times 10^{-30})^2}{3 \times 1.38 \times 10^{-23}} = 1.15 \times 10^{-7}$$

さらに,$T = 800\,\text{K}$ での磁化率 χ は

$$\chi = \frac{C}{T - T_c}$$
$$= \frac{1.15 \times 10^{-7}}{800 - 630} = 6.8 \times 10^{-10} \,[\text{H/m}]$$

【3】 本文 **5.5** 節を参照。

6章

【1】 本文 **6.2.3** 項を参照。
【2】 本文 **6.3** 節を参照。

7章

【1】 光通信ではその伝送路として光ファイバを用いるが,最も伝送損失の少ない光ファイバは純粋な石英ガラスファイバである。石英ガラスファイバの損失スペクトル(図 **7.4**)から,波長が $1.55\,\mu\text{m}$ のときが最も損失が少ない。そのため,光通信に適した波長は $1.55\,\mu\text{m}$ となる。

【2】 出力端の光のパワーが入力の半分になるのは,光ファイバの長さが $10\,\text{km}$ のときである。伝送損失は長さ $1\,\text{km}$ 当りの損失,$S = |\,10 \log P_o/P_i\,|/L$
$$0.3 = |\,10 \times \log 0.5\,|/L, \quad \text{よって,} \quad L = 10 \text{ となる。}$$

【3】 波長とエネルギーギャップとの関係は $h\nu = E_g$ である。ここで,eV と波長は式 (**7.12**) の関係に注目すると,エネルギーギャップは $1.24/0.65 = 1.91$ より $1.91\,\text{eV}$ となる。

【4】 解答省略。

8章

【1】 本文参照。

演 習 問 題 解 答   *189*

【2】 ダイヤモンド 6,グラファイト 4。
【3】 本文参照。
【4】 解答省略。
【5】 解答省略。

9章

【1】 **表 9.2** より,TiN(200)面の格子面間隔 d は 0.212 07 nm である。ブラッグの条件を示す式(9.3)を用いて,回折角 2θ は以下のように求まる。$CuK_{\alpha 1}$ 線の場合,波長 λ は 0.154 056 nm(**表 9.1** 参照)なので

$$\sin\theta = \frac{\lambda}{2d} = \frac{0.154\,056\,2}{2\times 0.212\,07} = 0.363\,220$$

これより $\theta = 21.298°$,ゆえに回折角 $2\theta = 42.596°$ となる。$MoK_{\alpha 1}$ 線の場合は $\lambda = 0.070\,930\,0$ nm となり,同様にして,回折角 $2\theta = 19.254°$ となる。

【2】 (1) 40 mass % TiB_2 と 60 mass % B_4C を含む複合体の場合の理論密度 $\rho_{TiB_2 \cdot B_4C}$ を求める。式(9.19)より

$$\rho_{TiB_2\cdot B_4C} = \frac{1}{\dfrac{f_{mTiB_2}}{\rho_{TiB_2}} + \dfrac{f_{mB_4C}}{\rho_{B_4C}}} = \frac{1}{\dfrac{0.4}{4\,530} + \dfrac{0.6}{2\,517}} = 3\,061\,[\mathrm{kg/m^3}]$$

(2) 40 mol % TiB_2 と 60 mol % B_4C を含む複合体の理論密度 $\rho_{TiB_2\cdot B_4C}$ を求める。分子量 $M_{TiB_2} = 47.88 + 10.81\times 2 = 69.50$,$M_{B_4C} = 10.81\times 4 + 12.01 = 55.25$ である。式(9.21)より

$$\rho_{TiB_2\cdot B_4C} = \frac{M_{TiB_2}f_{TiB_2} + M_{B_4C}f_{B_4C}}{\dfrac{M_{TiB_2}}{\rho_{TiB_2}}f_{TiB_2} + \dfrac{M_{B_4C}}{\rho_{B_4C}}f_{B_4C}} = \frac{69.50\times 0.4 + 55.25\times 0.6}{\dfrac{69.50}{4\,530}\times 0.4 + \dfrac{55.25}{2\,517}\times 0.6}$$

$$= 3\,157\,[\mathrm{kg/m^3}]$$

【3】 焼結体試料の体積 V は,$V = \{m_1 - (m_2 - m_3)\}/\rho_w$ で与えられる。したがって,密度は,次式のように求まる。

$$\rho = \frac{m_1}{V} = \frac{m_1}{m_1 - (m_2 - m_3)}\rho_w$$

$$= \frac{12.061}{12.061 - (9.023 - 0.102)}\times 999.0 = 3\,387\,[\mathrm{kg/m^3}]$$

ゆえに,アルミナ焼結体の密度は,3 837 kg/m³ と求まる。

【4】 式(9.23)の関係より,抵抗率 ρ および電気伝導度 $\sigma = 1/\rho$ は,次式で求まる。

$$\rho = \frac{S}{l}R = \frac{S}{l}\cdot\frac{V}{I} = \frac{4\times 3\times 10^{-6}}{18\times 10^{-3}}\times\frac{0.141}{1} = 9.4\times 10^{-8}\,[\Omega\cdot\mathrm{m}]$$

$$\sigma = \frac{1}{\rho} = \frac{1}{9.40 \times 10^{-8}} = 1.06 \times 10^7 \text{ [S/m]} \quad \therefore \quad \sigma = 10.6 \text{ [MS/m]}$$

【5】 $\dot{Z} = Z\angle\theta = 50.5\angle 84.6° = 50.5\cos 84.6° + j50.5\sin 84.6° = 47.52 + j50.28$ である。一方，$\dot{Z} = R + jX = R + j\omega L$ であるから，コイルの自己インダクタンス L は

$$L = \frac{X}{\omega} = \frac{50.28}{2\pi \times 1\,000} = 8.01 \times 10^{-3} \text{ [H]}$$

平均磁路長 l は，$l = 2\pi(20 + 10) \times 10^{-3}/2 = 0.078\,5\,\text{m}$ である。比透磁率は，式 (9.41) および (9.42) より

$$\mu_r = \frac{lL}{\mu_0 N^2 S} = \frac{0.078\,5 \times 8.01 \times 10^{-3}}{1.257 \times 10^{-6} \times 100^2 \times 10 \times 10^{-6}}$$

$$= 5.00 \times 10^3 \quad \therefore \quad \mu_r = 5\,000$$

【6】 横軸に厚さ，縦軸に透過率を対数目盛でとり，測定値をプロットすると**解図 9.1** に示すような直線関係が得られる。直線を $d = 0$ の縦軸に外挿した点を T_0 とすると，$T_0 = 0.9$ と求まる。

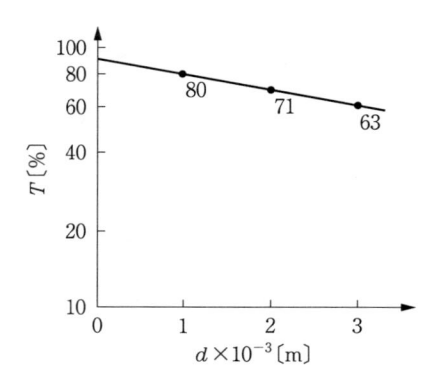

解図 9.1 透明セラミックスの厚さ d に対する過透率 T のプロット

反射率 R は，式 (9.71) より

$$R = 1 - \sqrt{T_0} = 1 - \sqrt{0.9} = 0.051\,3$$

屈折率 n は，$n > n_A$ と仮定すると，式 (9.61) より

$$\frac{(n - n_A)}{(n + n_A)} = \sqrt{R}$$

これを変形して

$$n = \frac{1 + \sqrt{R}}{1 - \sqrt{R}} n_A = \frac{1 + \sqrt{0.051\,3}}{1 - \sqrt{0.051\,3}} \times 1.00 = 1.59$$

吸収係数 α_n は，式 (9.72) より

$$a_n = \frac{\log_{10}(T_1/T_2)}{d_2 - d_1} = \frac{\log_{10}(80/71)}{(2-1) \times 10^{-3}} = 51.8 \ [\mathrm{m^{-1}}]$$

【7】 荷重 $P = 1\,\mathrm{kgf} = 9.807\,\mathrm{N}$ であるから，式 (9.77) に代入して，次式のように求まる．

$$H_V = 1.8544 \frac{P}{d^2} = 1.8544 \frac{9.807}{(36.2 \times 10^{-6})^2} = 1.39 \times 10^{10} \ [\mathrm{Pa}]$$

ゆえに，ビッカース硬度は $13.9\,\mathrm{GPa}$ である．

【8】 式 (9.78) を用いて，次式のように計算される．

$$H_{BS} = \frac{2P}{\pi D(D - \sqrt{D^2 - d^2})}$$
$$= \frac{2 \times 29.42 \times 10^3}{\pi \times 10 \times 10^{-3}(10 \times 10^{-3} - \sqrt{(10 \times 10^{-3})^2 - (4.3 \times 10^{-3})^2})}$$
$$= 1.93 \times 10^9 \ [\mathrm{Pa}]$$

ゆえに，ブリネル硬度は $1.93\,\mathrm{GPa}$ である．

【9】 式 (9.82) を用いて，次式のように求まる．

$$\sigma_{B4} = \frac{3P(L_1 - L_2)}{2WH^2} = \frac{3 \times 200 \times (30 - 10) \times 10^{-3}}{2 \times (4 \times 10^{-3}) \times (3 \times 10^{-3})^2} = 1.67 \times 10^8 \ [\mathrm{Pa}]$$

ゆえに，$167\,\mathrm{MPa}$ と求まる．

【10】 膜の剥離幅の半分の値 a は式 (9.85) より求まる．

$$a = \sqrt{\frac{P_p}{\pi \sigma_p}} = \sqrt{\frac{15}{\pi \times 3.5 \times 10^9}} = 3.694 \times 10^{-5} \ [\mathrm{m}]$$

ゆえに，剥離幅は，$2a = 73.9\,\mathrm{\mu m}$ である．

せん断応力は，式 (9.84) を用いて，次式のように求まる．

$$\tau_{ad} = \frac{a\sigma_p}{\sqrt{R^2 - a^2}} = \frac{3.694 \times 10^{-5} \times 3.50 \times 10^9}{\sqrt{0.2^2 - 0.03694^2} \times 10^{-3}} = 6.58 \times 10^8 \ [\mathrm{Pa}]$$

ゆえに，$658\,\mathrm{MPa}$ である．

索　　　　引

【あ】

アクセプタ　28
圧電効果　49
圧電体　49
アッベの屈折率計　162
アルニコ　75

【い】

イオン結合　5
イオン分極　40
インサイチュー(insitu)法　86

【う】

渦電流損　68

【え】

永久磁石材料　73
永久双極子　39
AE法　179
SEM　136
X線回折装置　128, 132
NMR　89
n形半導体　28
エネルギーギャップ　98
エネルギー準位　97
エネルギーバンド　97
FZ法　31
MRI-CT　89
MK鋼　75
LEC法　33
LED　102
LCRインピーダンスメータ　151

エレクトロルミネセンス　103
遠達力　4

【お】

オプトエレクトロニクス　92
オプトメカトロニクス　92
オームの法則　12

【か】

外因性半導体　24
回折角　130
解離エネルギー　5
核磁気共鳴　89
カー効果　107
化合物超伝導体　85
化合物半導体　30
かさ密度　138
活性炭　124
活性炭素繊維　125
価電子帯　24, 97
下部臨界磁界　82
カーボンナノチューブ　117
カーボンファイバ　118
カーボンファイバ強化コンクリート　122
カーボンファイバ強化樹脂複合材　121
カーボンファイバ/カーボンコンポジット　122
カーボンファイバ/セラミックスコンポジット　123

【き】

キャパシタ　47
キャリヤ　10

キャリヤ密度　25
吸光度　165
吸収係数　164
キュリー温度　58
キュリーの法則　57
キュリー・ワイスの法則　59
強磁性　58
共有結合　6
強誘電体　44
許容帯　97
近距離力　4
禁制帯　97
禁制帯幅　23
金属結合　6

【く】

空間格子　8
クーパー対　79
クラッド　109
グラファイト　116
グラファイト層間化合物　126

【け】

けい素鋼　70
結合エネルギー　5
結晶　8
結晶軸　8
原子間力顕微鏡　139
元素半導体　29

【こ】

コア　109
光学距離　162
合金超伝導体　84

格子欠陥	14	常磁性	56	【た】		
硬磁性材料	73	少数キャリヤ	27	第1種超伝導体	81	
格子定数	8	状態密度	25	第2種超伝導体	82	
格子点	8	焦電性	51	多数キャリヤ	27	
高透磁率材料	68	焦電体	51	単位格子	8	
高密度グラファイト	127	上部臨界磁界	82	【ち】		
交流ブリッジ法	149	初期磁化曲線	157	超伝導	77	
黒鉛化	117	初磁化率	64	チョクラルスキー法	31	
ゴム磁石	75	ジョセフソン効果	83	【て】		
固有X線	131	真性キャリヤ密度	27	抵抗率	12	
【さ】		真性半導体	24	デバイ温度	14	
酸化物系超伝導材料	87	真電荷	38	電圧降下法	145	
3端子法	146	真密度	138	電気感受率	42	
残留磁化	62	【す】		電気光学効果	107	
【し】		水素結合	7	電気絶縁物質	37	
シェーリングブリッジ回路		水平ブリッジマン法	33	電気双極子	7, 38	
	150	スクラッチ法	179	電気的陰性	4	
紫外・可視分光法	167	ストーニー・ホフマンの式		電気的陽性	4	
磁化率	57		180	電気銅	16	
磁気異方性	65	スネルの法則	162	電気二重層キャパシタ	125	
磁気異方性エネルギー	66	スーパーマロイ	71	電子	24	
磁気カー効果	108	スピン量子数	2	電磁波	95	
磁気共鳴断層映像装置	89	【せ】		電子分極	40	
磁気光学材料	108	正孔	24	伝導帯	24, 97	
磁気ひずみ	66	静磁エネルギー	65	電歪効果	50	
磁気複屈折効果	108	赤外分光法	167	【と】		
磁気モーメント	53	絶縁破壊	46	同位体効果	79	
磁気量子数	2	接触抵抗	15	透過型電子顕微鏡	124	
磁区	62	ゼーマン効果	108	透過度	164	
g係数	55	遷移	98	透過率	164	
磁性	52	【そ】		透磁率	64, 154	
CZ法	31	双極子分極	41	導電材料	16	
自発磁化	58	双極子モーメント	38	導電塗料	18	
自発分極	39	走査型電子顕微鏡	120, 136	導電率	12	
CVD法	34	走査型トンネル顕微鏡	139	特性X線	131	
磁壁	63	走査型プローブ顕微鏡	139	ドナー	28	
自由電荷	38	束縛電荷	38	ドーピング	28	
自由電子	6	ソリッド抵抗	21			
充満帯	97					
主量子数	1					
ジュールの法則	19					

【な】

軟磁性材料	68

【は】

バイメタル	19
パウリ常磁性	57
パウリの原理	2
薄膜	34
波数	161
発光ダイオード	102
波動性	94
波動と粒子の二重性	94
パーマロイ	70
パーミアンス係数	74
反強磁性	59
反磁性	57
反転分布	99
反転法	157

【ひ】

pn積一定の関係	27
p形半導体	28
光アクチュエータ	93
光一貫システム	93
光応答	98
光コンピュータ	93
光ファイバ	109
引上げ法	31
BCS理論	79
比重びん	140
非晶質	8
ヒステリシス曲線	62, 159
ヒステリシス損	68
ビッカース硬度	173
引張法	178
PVD法	34
被覆	109
ヒューズ	19
標準抵抗	20
表面拡散法	85

【ふ】

ファラデー効果	108
ファンデルワールス結合	7
ファンデルワールス力	7
フェライト	71, 75
フェライト磁石	75
フェリ磁性	60
フェルミ準位	24, 80
フェルミ・ディラック分布関数	24
複合加工法	85
複素誘電率	43
不純物	23
不純物半導体	24
付着強度	178
浮遊帯溶融法	31
フラーレン	116
プラスチック磁石	75
ブラッグの法則	129
プランク定数	96
ブリネル硬度	175
分極	7
分極電荷	38

【へ】

平均温度係数	16
平均緩和時間	12
ペロブスカイト構造	44

【ほ】

ボーア磁子	55
方位量子数	2
飽和磁化	62
ポッケルス効果	107
ホトダイオード	105
ホール	24
ホール効果	159

【ま】

マイスナー効果	81
マクスウェルブリッジ回路	155
マクスウェル・ボルツマンの式	26
マティッセンの法則	13

【み, む】

見掛密度	138
密度	138
無酸素銅	17

【ゆ】

有効質量	25
有効状態密度	26
誘電正接	44
誘電損	44
誘電物質	37
誘電分極	38

【よ】

4端子法	145
4探針法	146

【ら】

ランベルト・ベールの法則	165

【り】

粒子性	94
量子数	1
履歴曲線	45
臨界温度	77, 87
臨界角	162
臨界磁界	81
臨界電流密度	83

【る, れ】

ルミネセンス	103
レーザ	99
連続X線	131

【わ】

ワイス磁界	58
ワイス定数	58
ワグナー接地回路	150

―― 著者略歴 ――

中澤　達夫（なかざわ　たつお）
1979 年　信州大学大学院修士課程修了
　　　　（電子工学専攻）
1989 年　工学博士（東京工業大学）
1991 年　長野工業高等専門学校助教授
1997 年　長野工業高等専門学校教授
2009 年　長野工業高等専門学校名誉教授
　　　　信州大学特任教授（2014 年 9 月まで）
2013 年　東京工業高等専門学校特命教授
　　　　（2017 年 3 月まで）
2014 年　長野工業高等専門学校特命教授
　　　　（2020 年 3 月まで）
2018 年　沼津工業高等専門学校特命教授
　　　　現在に至る

押田　京一（おしだ　きょういち）
1983 年　信州大学大学院修士課程修了
　　　　（電気工学専攻）
1994 年　長野工業高等専門学校助教授
1996 年　博士（工学）（北海道大学）
2001 年　長野工業高等専門学校教授
　　　　現在に至る
2008 年　信州大学カーボン科学研究所客員教授（2010 年 9 月まで）
2012 年　信州大学カーボン科学研究所特命教授（2016 年 3 月まで）

森山　実（もりやま　みのる）
1973 年　慶応義塾大学工学部計測工学科卒業
1973 年　日本電気株式会社
1980 年　長野工業高等専門学校助手
1987 年　長野工業高等専門学校講師
1990 年　長野工業高等専門学校助教授
1994 年　博士（工学）（長岡技術科学大学）
1998 年　長野工業高等専門学校教授
2013 年　長野工業高等専門学校特任教授
　　　　（2015 年 3 月まで）
　　　　長野工業高等専門学校名誉教授

藤原　勝幸（ふじわら　かつゆき）
1973 年　信州大学理学部物理学科卒業
1976 年　広島大学大学院博士課程前期修了
　　　　（物性学専攻）
1983 年　長野工業高等専門学校助教授
1988 年　理学博士（広島大学）
1994 年　長野工業高等専門学校教授
2013 年　長野工業高等専門学校特任教授
　　　　（2015 年 3 月まで）
　　　　長野工業高等専門学校名誉教授

服部　忍（はっとり　しのぶ）
1979 年　東京理科大学理学部第 2 部物理学科卒業
1995 年　博士（工学）（名古屋大学）
1995 年　長野工業高等専門学校助教授
～2003 年

電気・電子材料
Electric and Electronic Materials
© Nakazawa, Fujiwara, Oshida, Hattori, Moriyama 2005

2005年1月13日　初版第1刷発行
2020年11月5日　初版第14刷発行

検印省略	著　者	中　澤　達　夫
		藤　原　勝　幸
		押　田　京　一
		服　部　　　忍
		森　山　　　実
	発行者	株式会社　コロナ社
		代表者　牛来真也
	印刷所	壮光舎印刷株式会社
	製本所	株式会社　グリーン

112-0011　東京都文京区千石 4-46-10
発行所　株式会社　コロナ社
CORONA PUBLISHING CO., LTD.
Tokyo Japan
振替00140-8-14844・電話(03)3941-3131(代)
ホームページ　https://www.coronasha.co.jp

ISBN 978-4-339-01191-3　C3355　Printed in Japan　　　　（新宅）

〈JCOPY〉〈出版者著作権管理機構　委託出版物〉
本書の無断複製は著作権法上での例外を除き禁じられています。複製される場合は、そのつど事前に、出版者著作権管理機構（電話 03-5244-5088, FAX 03-5244-5089, e-mail: info@jcopy.or.jp）の許諾を得てください。

本書のコピー、スキャン、デジタル化等の無断複製・転載は著作権法上での例外を除き禁じられています。購入者以外の第三者による本書の電子データ化及び電子書籍化は、いかなる場合も認めていません。
落丁・乱丁はお取替えいたします。